寰宇智慧投資 197

高勝算操盤
學做操盤高手
High Probability Trading
（下）

Marcel Link 著

黃 嘉 斌 譯

寰宇出版股份有限公司

國家圖書館出版品預行編目資料

高勝算操盤:學做操盤高手(下) ／ Marcel Link 著 ； 黃嘉斌譯.--
　　初版.-臺北市 ： 麥格羅希爾 ， 2004〔民93〕
　　　面 ； 公分 -- (寰宇智慧投資：196-197)
　　譯自：High Probability Trading: Take the Steps to Become a
Successful Trader
　　　ISBN 978-957-493-935-0（上冊：平裝）
　　　ISBN 978-957-493-936-7（下冊：平裝）

　　1． 期貨交易　2. 證券

563. 5　　　　　　　　　　　　　　　　　　　93009884

寰宇智慧投資 **197**

高勝算操盤：學做操盤高手(下)

作　　者	Marcel Link	
翻　　譯	黃嘉斌	
主　　編	王孝平	
合作出版暨發行所	美商麥格羅希爾國際股份有限公司台灣分公司 台北市 10044 中正區博愛路 53 號 7 樓 TEL: (02) 2383-6000　　FAX: (02) 2388-8822 http://www.mcgraw-hill.com.tw	
	寰宇出版股份有限公司 台北市 106 大安區仁愛路四段 109 號 13 樓 TEL: (02) 2721-8138　　FAX: (02) 2711-3270 E-mail: service@ipci.com.tw http://www.ipci.com.tw	
總 代 理	寰宇出版股份有限公司	
劃撥帳號	第 1146743-9 號	
登 記 證	局版台省字第 3917 號	
出版日期	西元　2005 年　1 月　初版一刷 西元　2014 年　10 月　初版九刷	
印　　刷	盈昌印刷有限公司	
定　　價	新台幣 270 元	

ISBN：978-957-493-936-7

網路書店：【博客來】www.books.com.tw
　　　　　　【PChome 24h】http://24h.pchome.com.tw/

※ 本書如有缺頁、破損、裝訂錯誤，請寄回本公司更換。

目　錄

前　言

金融交易很簡單；任何人只要有幾千塊錢，就可以開始了。可是，如果想要透過交易賺錢，又是另當別論。讓我們面對一項冷酷的事實：**在所有商品交易者或股票當日沖銷者之中，大約有90%處於虧損狀態**。反之，過去股票投資總被視爲是一種安全的長期資金安排，但在作者編寫此書時，這種說法似乎也不成立了。所以，究竟是基於什麼緣故，絕大部分交易者總是發生虧損呢？這些輸家是否具備某種共通的特徵而導致他們持續發生虧損？當大家都賠錢時，爲什麼特定少數人總是獲利？這些贏家具備哪些輸家所沒有的特質呢？經過學習或調整，輸家是否可以轉變成爲贏家呢？輸家會做哪些贏家所避免做的事呢？更重要者，贏家們究竟做些什麼不同的事呢？

由於絕大多數交易者都賠錢——所以，必定存在某種導致交易賠錢的共通原因。本書準備詳細討論成功交易者究竟有什麼不同的行爲，他們爲什麼能夠非常穩定的賺錢，討論過程中也會回答前一段提出的種種問題。如果讀者想要學習交易賺錢的方法，就必須同時學習如何避免發生虧損。不瞭

解這點，就很難成爲金融交易場內的眞正贏家。我不會只是
點出交易者的缺失何在；也會協助讀者克服這些缺點，同時
說明成功交易者處在類似情況下的反應之道。**本書的宗旨，
是教導讀者如何培養成功交易者的心智架構。**

　　我們很難擬定一張清單，列舉交易成功的充分要素，但
仍然有一些必要條件：認眞工作、經驗、資本與紀律規範。
雖然絕大部分人都賠錢，然而如果知道如何掌握勝算，我相
信一般交易者都可以是贏家。剛開始從事交易時，很多頂尖
玩家的表現也是慘不忍睹，但他們最後仍然能夠脫離困境，
成功提升到另一境界。沒錯！剛開始，某些交易者可能手風
奇順，不過交易是一種必須經過多年磨練才能精通的技巧。
磨練過程中，交易者必須學習如何判斷勝算高低。篩除勝算
不高的機會；對於那些勝算很高的對象，應該集中火力，確
實掌握機會。

　　我看過的交易相關的書籍中，很多都把交易看成一項簡
單的活動，認爲任何人只要閱讀這些書籍，就可以勝任愉
快。實際的情況並非如此。閱讀確實有幫助，但經驗是更好
的老師。根據我的看法，**提升交易技巧的最好方法之一，就
是改正過去的錯誤。**書籍很容易告訴一位交易者如何正確進
行交易，教導他們如何挑選風險最低而勝算最高的機會。可
是，這些書籍卻不能告訴交易者如何讓$1,000的損失不至於
擴大影響。任何書籍都不能告訴你處理虧損的正確心態，也
不能有效教導你如何控制交易過程中可能發生的情緒。唯有
投入眞正的鈔票，你才會感覺到痛苦，讓你出現一些不正常

的行為。模擬交易確實可以提供一些幫助，但唯有讓資金承擔真正風險，才能學習如何處理情緒與風險。模擬交易過程中，很多人的表現都一板一眼，非常傑出；可是，一旦投入真正資金，就再也看不見紀律規範，一切都走調了。

如果把交易視為一種學習程序，最初幾年必定會發生無數錯誤。這些錯誤很重要，因為唯有當你察覺錯誤之所以錯誤，才能專注改正錯誤，避免重複犯錯。如果能夠剔除不當的交易，績效顯然會變得更理想。我們必須判斷何謂「不當的交易」——**風險／報酬比率過高的交易，就是不當的交易**，而不論實際結果是賺或是賠。某些交易機會的風險太高不值得冒險。如果你希望成為一位績效非常穩定的交易者，就只能接受那些風險偏低（相對於潛在報酬而言）的機會。

閱讀本書的過程中，讀者可能會發現，作者經常重覆強調一些主要論點。這不是因為本書編輯希望擴充篇幅，而是因為某些論點必須經過不斷重複才能烙印在讀者心坎。**本書可以協助讀者判斷各種不同類型的交易機會，進而培養致勝的交易方法**。如果你現在正因為交易虧損而煩惱，本書可以幫助你釐清虧損發生的原因，協助你克服這些錯誤。本書可以幫助你判斷何時應該交易，何時不應該交易。本書也可以告訴你如何擬定交易與資金管理計畫；這些計畫非常重要，幾乎是交易成功的必要條件之一。交易計畫不需要巨細靡遺，但每位交易者都需要一套計畫。

本書討論的主題，**最初是針對商品交易者而設計**，但經

過擴充之後，**也同時適用於股票交易者**。所以，本書提到的市場，通常是泛指商品與股票而言。交易就是交易，不論對象是IBM、雅虎股票，或是豬腩、S&P 500指數期貨，基本上都相同。沒錯，交易對象不同，規則也難免有些差異，例如：保證金、信用擴張程度、電腦軟體、契約到期時間、漲跌停板等，但只要你擅長某種交易工具，就很容易觸類旁通。雖然本書主題有些偏向短線交易，但基本宗旨則在**幫助各種類型的交易者，包括：初學者與有經驗的玩家，也包括：當日沖銷者與長期投資人。**

何謂高勝算交易？

　　所謂高勝算交易，我定義為「風險／報酬比率」偏低的交易——（歷史）統計測試資料顯示，這些交易在既定的資金管理參數設定之下，能夠提供正數的期望報酬。真正的頂尖玩家之所以進行交易，是因為他們掌握很好的勝算，而不只是因為單純的交易衝動。他們進行交易只有一個目的：賺錢，而不是滿足賭性。一般來說，高勝算交易機會的多空導向，應該順著市場的主要趨勢方向。如果市場處於漲勢，交易者應該等待行情拉回、並成功測試下檔支撐之後進場作多。在上升趨勢的拉回走勢中，放空也可以獲利，但屬於勝算較低的機會，應該儘量避免。高勝算玩家知道何時應該認賠，也知道何時應該繼續持有獲利部位。交易者不應該太急著獲利了結；如果每筆失敗交易的損失都累積到$500以上才出場，而每筆成功交易都在獲利$100就急著出場，恐怕不是合理的做法。除了讓成功交易繼續獲利之外，知道何時應該

獲利了結也很重要。很多笨拙的玩家經常轉勝為敗，因為他們不知道何時應該獲利了結，或根本沒有設定出場的法則。請注意：**「出場」的重要性往往勝過「進場」，因為「出場」才是決定輸贏的關鍵**。如果交易者以「射飛鏢」的隨機方式建立部位，但只要採用適當的出場法則，或許還是可以成為贏家。

雖然順著**趨勢**方向進行交易的勝算較高，但嘗試猜測行情頭部或底部的交易績效往往也很不錯，前提是交易者必須精通價格型態判斷，而且知道何時應該認賠出場。如果你打算猜測既有**趨勢**何時將結束，判斷錯誤的情況總是居多，所以你必須斷然承認自己的判斷錯誤。如果能夠成功的判斷行情頭部或底部，通常獲利很可觀；因此，這類交易的綜合績效也可能很不錯。總之，交易風格究竟如何，並不是十分重要：只要具備嚴格的紀律規範，擬定明確的交易策略與資金管理計畫，就能夠賺錢。

想成為高勝算的玩家，就必須有一套交易計畫。這套計畫包括交易策略，更重要的，必須知道如何管理風險。本書會協助交易者瞭解如何擬定適當的交易計畫，熟悉所需要具備的技巧與工具。由於每個人的交易風格多少都有些差異，所以不可能有一套適用於每個人的完美交易計畫。每個人都應該根據自己的個性與習慣，擬定一套最恰當的計畫。計畫擬定之後，最困難的部分就算完成了；可是，很多交易者卻懶得花時間擬定計畫，就直接進行交易。

成功玩家的特質

　　原則上，能夠賺錢的交易者不只是在市場開盤期間認真工作，事前與事後的工作也同樣重要。實際進行交易之前，他們已經知道自己準備針對哪些市況進行交易，而且清楚每種市況之下的因應策略。他們耐心等待預期中的市況出現，然後立即進場，一旦察覺自己的判斷錯誤，就斷然認賠出場。他們挑選一些趨勢明確的市場或個股，耐心等待折返走勢提供的進場機會。他們不會認為自己的判斷比市場高明；他們只是被動接受市場提供的機會。他們能夠完全控制自己的情緒，永遠都聚精會神，不會同時進行太多不同的交易，**交易不應該過度頻繁。**

**　　成功交易者具備下列特質：**
* 資本結構恰當。
* 把交易當做事業經營。
* 對於風險的容忍程度很低。
* 只針對市場提供的機會進行交易。
* 能夠控制情緒。
* 有明確的交易計畫。
* 有明確的風險管理計畫。
* 嚴格遵守紀律規範。
* 能夠聚精會神。
* 所採用的交易方法，經過歷史資料的測試。

失敗交易者可能具備下列某種特質：

＊ 資本不足。

＊ 缺乏紀律規範。

＊ 交易過度頻繁。

＊ 不瞭解行情。

＊ 交易草率莽撞。

＊ 追逐行情（追價）。

＊ 擔心錯失機會。

＊ 頑固；對於自己的部位或想法，態度過份堅持。

＊ 故意誤解新聞。

＊ 不斷尋求「全壘打」。

＊ 聽任失敗部位的虧損累積得太嚴重。

＊ 成功部位過早了結。

＊ 交易態度不夠嚴肅。

＊ 過度冒險。

＊ 不能控制情緒。

關於本書

　　本書將闡述一些我本身的慘痛經歷，還有一些發生在其他交易者身上的案例。這些交易者當中，有些是剛開始，際遇頗為坎坷，而最後能夠突破困境，另一些人則永遠都無法由錯誤中學習。我利用這些案例做為佐證，希望突顯我的論點，讓讀者更容易判斷哪些事該做，哪些事不該。當然，我不會提到這些交易者的真實身分。我從來不諱言自己過去曾經是很糟的交易者，我打算詳細說明這些造成交易虧損的不

好習慣。當時我往往都能夠預先判斷行情的發展方向；可是由於種種因素的干擾，交易就是無法成功。然而當我逐漸克服種種缺失，慢慢學習如何掌握勝算之後，情況就全然改觀了。大體上來說，整個轉變來自於觀察其他成功與失敗交易者的行爲，然後想辦法改正自己與其他失敗交易者之間的共通行爲。除此之外，我也分析自己的失敗交易，嘗試由錯誤經驗中學習。就如同小孩子一樣，唯有被灼傷之後，才知道什麼叫「燙」；虧損的痛苦，是最有效的導師。有個經驗對我的影響很大；某段期間，我隔壁坐著一位很差勁的交易者，他不斷觸犯相同的錯誤。我發現，我們兩個人有一些共通之處。於是我決定自己必須做些改變。看著他進行交易，也讓我清楚看見自己的錯誤。

本書準備討論我個人認爲成功交易者最重要的各種素質與相關問題，由建構積木開始，最後討論紀律規範與情緒因素，其餘還包括基本分析與技術分析，交易計畫與風險管理計畫的擬定與運用，交易系統的設計與測試。本書將協助讀者掌握勝算，學習如何避免已知的缺失。本書每章最後都有一節「成爲最佳交易者」，做爲該章內容的總結摘要，並列舉一些什麼該做、什麼不該做的行爲，以及一些交易者應該隨時提醒自己的問題。應該有助於讀者辨識交易相關的長處與短處，踏上贏家的道路。

關於作者

我曾經是一個典型的例子，充分說明一位交易者不應該

有哪些行爲。如果有什麼好方法可以透過交易賠錢，我就曾經是活生生的例子。自從1990年開始從事交易以來，連續七年都賠錢，1998年之後才出現關鍵性的轉變。對於我希望達成的目標，我有充分的決心與意志，而且願意辛勤工作。在這十四年的交易生涯裡，我曾經擔任經紀公司的辦事員、場內交易員、零售經紀人與交易者；整個過程中，我看過或觸犯一位交易者可能出現的每種錯誤。這些年來，我隨時都接觸一些成功與不成功的專業交易者，所以非常清楚這些交易者的各種不同素質。我發現，即使這些交易者都建立完全相同的部位，某些人就是會賺錢，另一些人就是會賠錢。在我擔任經紀人期間，持續觀察客戶的各種表現，慢慢發現一般交易者之所以持續發生虧損的行爲與原因。更重要的，這段歷練讓我看到自己與失敗交易者之間存在某些共通特徵。於是，我歸納出一個結論：如果我想成功，就必須徹底改變自己的交易風格。舉例來說，我相信交易過度頻繁就是自己最大的毛病之一，因爲我發現其他過度頻繁的交易者都免不了失敗的結局，而那些謹慎篩選機會的交易者，總是成功。本書將詳細說明我個人採取哪些步驟而讓自己慢慢提升，只要讀者具備充分的動機，絕對也可以踏著我的步伐轉敗爲勝。改變壞習慣並不容易，但如果你希望成爲最佳交易者，就必須這麼做。

個人履歷

1987年，我曾經擔任股票經紀人，但時間很短，不久就

到紐約商業交易所（New York Mercantile Exchange）擔任原油選擇權的辦事員。幾年之後，我籌措了3萬美元，取得紐約金融交易所（NYFE）的席位，開始從事美元指數期貨的交易。由於資本不足，幾個月之後，就因爲一個致命錯誤而虧損半數資本。這個事件對我的傷害頗大，沒有足夠的資金繼續在場內進行交易，只得參加其他交易員組成的合夥機構。我們利用某個經紀公司的場地進行交易，有幾位同事曾經是場內交易員，經驗相當老道。我也是在這個時候才學會如何判讀價格走勢圖，而且也開始編寫交易系統。

1995年到1997年之間，我曾經抽空到大學研究所進修。完成碩士學位之後，我決定成立一家折扣經紀公司「林克期貨」（Link Futures）。當時，網路交易還才起步，提供這方面服務的期貨公司並不多。連結期貨的佣金費率很低，還有一間盤房供交易者使用。不幸的，隨著網路交易日益普遍，大型經紀商開始吞噬這塊大餅，展開促銷的價格戰；於是，資本不足又對我構成傷害：沒有充裕的廣告經費吸引客戶。不過，這段經歷對我也有好處，讓我有機會觀察客戶如何犯錯，我自己的交易技巧也因此有不少進步。

2000年3月，有一個機會讓我從事股票交易，很快我就決定接受這份工作。可是，我是一個具有野心的人，顯然不願始終任職於經紀公司，所以成立了個人工作室。很少人敢說他熱愛自己的工作，但我就是如此。

最後一項註明：當本書提到交易者時，都採用男性代名

詞，這完全沒有性別歧視的意思，只是爲了方便而已。雖然交易從業人員是以男性爲主，但也有不少優秀的女性交易員。當我成立林克期貨公司時，合夥人就是一位女性，她是最佳的交易者。

祝各位讀者能由本書中體會交易的樂趣。

第 10 章

高勝算交易

蘇菲貓

三年前的某一天，回家途中，我看到一隻很可愛而營養不良的小貓，緊跟著我走。我停下來，牠也跟著停下來，我拐個彎，牠也跟著我轉彎，始終與我保持1公尺左右的距離。牠實在很幸運，因為我家附近剛好有家獸醫，所以就順道帶著牠到獸醫那裡，看看有誰走失小貓。結果沒有，所以我就請獸醫大略檢查這隻小貓，準備暫時飼養，直到幫牠找到主人為止。牠看起來像是一隻家貓，因為很溫馴，很容易靠近。離開獸醫院之後，牠跟著我回家，吃點東西，然後就開始打盹；接著，一起出去尋找牠的主人。不幸的，實在找不到牠的主人，但很快就習慣牠跟著我走。我本來想用皮帶栓著牠，但看起來似乎有點娘娘腔，所以打消這個念頭。由於牠老想往外跑，因此我每天晚上都帶著牠到住家對面的公園散步。有一天，在公園裡，牠看到一群鴿子，於是偷偷走過去，蹲得很低，在那裡靜靜地看了幾分鐘，然後又走回來。過了幾天，牠看到一群小麻雀站在矮樹叢上。牠又

偷偷摸摸的走過去，幾乎是匍伏前進，似乎想藉著沿途的雜草掩護。這次，牠默默凝視著這群小麻雀長達15分鐘，一動也不動。最後，麻雀飛離樹叢，跳到草地上；於是，蘇菲一躍而上，往前撲了大約2公尺，在空中捉到一隻麻雀，然後蛟健的落回草地上。我很快跑過去阻止牠傷害那隻麻雀，讓麻雀毫髮無傷的飛開。

　　提到這段故事，主要是想藉由蘇菲捕捉麻雀的過程，說明金融交易的正確方法。牠知道鴿子的身材太龐大，捕捉的風險太高；牠或許可以抓一隻，但鴿子的數量太多了，很可能因此受傷。另外，牠剛在家裡吃飽了，不值得為此冒險。可是，對於蘇菲來說，麻雀顯然算不上危險。牠知道自己只有一擊的機會，否則麻雀就會飛走。因此，蘇菲耐心等待，尋找勝算較高的撲擊機會。耐心顯然是有代價的，因為牠找到最理想的機會。如果金融交易者也具備這種耐心，靜靜等待低風險、高勝算的機會，績效應該會很不錯。

成為高勝算的交易者

　　如果你想在金融交易市場上脫穎而出，所需具備的最重要條件之一，就是如何判別高勝算與低勝算的交易。具備這個條件之後，你本身的勝算也能夠大增。當我告訴人們，我是專業交易者；多數人都認為，金融交易與賭博之間沒有明顯的差異。沒錯，某些交易者確實具備賭徒般的運氣，但金融交易絕對不等於賭博。一位專業交易者，只要採用嚴謹的資金管理原則與健全的交易策略，嚴格遵守交易計畫，就能

夠很穩定的賺錢。如何辦到的呢？最重要的，就是只採納風險／報酬比率偏低而勝算偏高的交易。除非能夠秉持這點，否則交易或許就與賭博沒有太大的差別。

高勝算交易必須備妥明確的出場策略，預先設定停損。對於這類的交易，統計資料顯示其成功的機會很高，而且風險／報酬關係很好。另外，你之所以進行一筆交易，必須有明確的進場理由，而且可以清楚的解釋給別人聽。某些人只是一時興起而進場交易，沒有明確的理由；不論這些部位實際上是否能夠獲利，勝算都不高。只要累積足夠的經驗，你就知道一筆交易究竟是深思熟慮或臨時起意，成功的機會絕對不同。你必須想辦法減少那些沒有明確動機的交易。

高勝算交易是由許多條件構成的，其中最重要的，就是風險／報酬關係。高勝算交易不是說你絕對不會賠錢，而是你判斷正確時，能夠賺大錢，判斷錯誤的損失則很小。高勝算交易的另一個重要條件，就是充分運用所具備的知識與工具，而且耐心等待理想的機會。不要承擔沒有必要的風險，這是重點之一。我發現，交易者應該重「質」不重「量」，除非整體架構的勝算很高，否則寧可錯過機會。減少交易頻率，可以剔除那些風險／報酬關係不理想的機會。

事先擬定計畫

本書的剩餘部分，主題之一就是討論如何擬定與執行交易計畫。交易計畫是由資金管理與交易策略構成。這類計畫

可以協助交易者把一些深思熟慮的方案付諸執行，避免出現草率、魯莽的行為。交易計畫可以確保每筆交易都有完整的動機，不會因為一時興起而從事交易。不幸的，很多交易者都不清楚這類的交易計畫。一套理想的交易計畫，只允許你進行勝算高的交易。計畫擬定之後，下一個問題就是如何執行了。嚴格執行交易計畫的方法之一，就是採用純機械性的交易系統做為決策機制。不論這套交易系統是你自行設計的，或購買現成的，都必須具備高勝算交易的要件，包括完整的出場策略與歷史資料測試方法。第12、13章將討論如何設計交易系統，以及歷史測試的種種問題。

高勝算交易的一些要素：
✳ 透過不同時間架構進行確認，拿捏時效。
✳ 順著主要趨勢方向進行交易。
✳ 等待折返走勢。
✳ 預先設定出場策略。
✳ 市場開盤之前，就應該擬妥交易計畫。
✳ 兼用順勢指標與擺盪指標。
✳ 每筆交易都有明確的理由。
✳ 知道相關的風險。
✳ 保持專注。
✳ 嚴格的紀律規範。

高勝算交易的典型發展情節

此處準備介紹一個典型的高勝算交易例子。對於不同時

間架構的走勢圖，我分別採用不同的技術指標，但這純粹是隨機挑選；我相信，每種指標都應該適用每個走勢圖。首先，觀察圖10-1，這是原油日線圖，陰影部分代表短期走勢圖（10分鐘走勢圖）涵蓋的部分。這份日線圖清楚顯示主要趨勢相當強勁。RSI讀數位在50之上，但還沒有進入超買區，這代表市場漲勢很強，不過還有繼續發展的空間。近幾個月來，原油都處於漲勢，最近似乎有突破$32~$34長達一個月整理區間的意味。

接下來，請觀察60分鐘走勢圖（圖10-2）。我們可以藉由這份走勢圖找到理想的進場機會。此處顯示的密集交易區間，較日線圖清楚得多，不過沒有顯示強勁的上升趨勢。假

圖10-1 原油日線圖：宏觀。

圖10-2 原油60分鐘走勢圖：顯示更清楚的發展。

定你是很有耐心的交易者，正等待行情拉回的進場機會。11
月1日到11月3日之間，行情拉回到密集交易區間的下緣，隨
機指標當時（點D1）出現正性背離。另外，在A點，價格正
測試10月底的底部，而且隨機指標正由超賣區朝中性區折
返；你還知道主要趨勢明顯朝上。於是判斷這是不錯的買
點，因為停損可以設定在10月底低點的稍下方，距離很近。

　　接下來，讓我們看看更短期的10分鐘走勢圖（圖10-
3），藉以尋找實際的進場點。在A點之前，我們看到一個向
下跳空缺口，緊跟著出現大約30鐘的跌勢，然後開始反彈
（你可以運用第8章介紹的30分鐘突破系統進場）。隨著行情
走高，MACD開始向上穿越0線而呈現上升趨勢，代表不錯

的買進機會。當價格開始創當天的新高，短線交易潛能愈來愈不錯，稍後甚至適合較長期部位。由這份走勢圖可以看出，A點進場價位距離先前低點的停損風險很小，即使對於漲勢判斷錯誤，損失也很有限。就獲利潛能來說，行情漲到密集交易區間的上限$33.80應該沒有問題。所以，風險／報酬比率至少是$0.30/$1.50，這是非常值得掌握的機會。由較長期的走勢圖觀察（圖10-2），如果利用密集交易區間的寬度衡量上檔潛能，目標價位大約在$36，風險／報酬關係更理想。

圖10-3還有其他幾個機會，其中兩個我認為勝算頗高。B點是行情穿越密集交易區間上限的突破點，C點是前述突破

圖10-3　原油10分鐘走勢圖：拿捏時效。

之後，拉回重新測試上升趨勢線的位置。C點的勝算更高，因為進場點處在拉回走勢，並且位在上升趨勢線附近，風險較低。雖然在B點進場，最後還是能夠獲利，但如果更有耐心一點，等到C點才進場，結果更理想。

至於出場位置，由於當時的上升趨勢非常強勁（可以由較長期走勢圖看出來），部位應該儘量繼續持有，不妨採用追蹤性停止策略來保護既有獲利。請觀察圖10-2，第一個可能的出場點在D2。當時，價格逼近通道上限，隨機指標出現負性背離，而且開始由超買區折返中性區域。另外，當時也已經非常接近密集交易區間寬度衡量的目標價位$36。

每筆交易都應該有進場理由

為了提高勝算，每筆交易都應該有明確的進場理由，避免因為一時興起而隨意進場。這也是為什麼交易計畫可以提高操作績效的原因所在。很多交易者經常沒有徹底研究一筆交易的可能風險或潛在報酬，以及兩者之間的對應關係。某些人缺乏耐心，不願等待回檔或反彈，甚至魯莽追價。因此，每當你準備扣發板機，不妨問問自己：「我為什麼進行這筆交易？」如果你自認為理由充分，當然可以放手一搏；否則，最好打消念頭。

「為何現在想買進？」關於這個問題，以下是一些可能的答案。

有效答案：

﹡ 該股票展現相對強勢，所屬類股的表現也不錯。

﹡ 主要趨勢朝上發展，目前走勢拉回到移動平均附近。

﹡ 股價利空不跌。

﹡ 短期均線向上穿越長期均線。

﹡ 交易系統發出買進訊號。

﹡ 行情突破重要壓力，上檔空間很大。

﹡ 昨天出現關鍵反轉，漲勢很可能會持續發展。

﹡ 隨機指標由超賣區折返。

﹡ 價格跌到交易區間的下限，MACD進入超賣區。

無效答案：

﹡ 我想賺錢。

﹡ 我已經賠了$#!%，必須想辦法趕快撈回來。

﹡ 我無聊死了。

﹡ 市場已經開盤了。

﹡ 我稍早已經買了這支股票，現在股價更便宜了。

﹡ 經紀人推薦買進。

﹡ 相關新聞即將公佈。

﹡ 股價跌幅已經很大，隨時可能反彈。

﹡ 股價絕對會上漲。

﹡ 我不想錯失這波行情。

﹡ 我還有一些融資餘額（保證金）。

﹡ 我正等著短線反攻。

﹡ 王xx告訴我，這支股票的走勢很強勁。

不要貪多

有些交易者完全知道自己應該怎麼做，結果仍然虧錢，理由通常都是因爲不夠專心。或許因爲同時留意太多市場，或同時持有太多不同部位，注意力過於分散。交易者不應該貪多，最好成爲某個市場或少數股票的專家。請注意，頂尖玩家通常都只操作單一市場或單一類股，並成爲該市場或類股的眞正專家。注意力太過分散，就無法看到或掌握某些高勝算交易機會。反之，專心觀察少數市場、股票，就比較容易及時察覺進、出場點，也更能控制風險。除非市場出現大漲或大跌的行情，我才可能同時建立很多部位，然後等著獲利了結；否則，操作績效最好的情況，通常都只建立2、3個部位，因爲這樣才能更專心照顧。當然，如果你採用純機械性的交易系統，又另當別論，否則你絕對不可能同時注意很多不同部位，尤其是出場時機的拿捏。

耐心等待更好的機會

我不斷重複強調「耐心等待」的重要性。就如同精明的賭徒一樣，唯有拿到一手好牌，才願意大膽下注，交易者的情況也一樣，必須等待高勝算的機會。你沒有必要進行你看到的每筆交易，就算某個機會很理想，也沒有必要急著進場。身爲交易者，你有權利在場外觀望，就像蘇菲貓一樣，等待麻雀飛到地面。耐心等待，直到有充分證據顯示該筆交易勝算很高爲止。對於一些要死不活、沒有明確走勢的行

情，不要勉強進場，因爲這些交易的勝算不高；事實上，如果我過去能夠確實辦到這點，操作績效絕對可以大幅提升。「不進場」絕對應該是可行方案之一；某些情況下，「不進場」才能顯示你的精明之處。過去，我的交易稍嫌頻繁，因此造成頗大的傷害。如果我能夠更有耐心一些，只挑選那些勝算較高的機會，顯然更早就能反敗爲勝了。

這些年來的交易經驗告訴我，錯過一些機會是可以接受的。有時我會想捕捉市場上每個賺錢機會，但我已經學會如何克制自己，耐心等待更恰當的機會。每筆交易不但要有充分的理由，而且時機也必須絕對正確。倉猝進場，通常都代表時機不對。爲了剔除不理想、不恰當的交易，即使因此而損失一些好機會，結果還是划算的。某些走勢相對容易掌握，比較容易預測。你應該等待這些機會，不要瞎忙。如果你非常擔心錯失機會，就會發現自己總是在市場不斷殺進、殺出，但績效卻不見得理想。交易者一旦學會如何耐心等候高勝算機會，賺錢能力將顯著提升。

身受其益的忠告

當我剛開始在場內從事交易時，一位前輩告訴我，只要每天都進行一筆好交易，就可以賴此維生。在場外靜靜等待理想的機會，然後進場賺個6檔到10檔的利潤，這就是你所需要的。每天只要掌握一、兩次這類的機會。總之，耐心等待，不要無時無刻的想賺錢。

風險與報酬的關係

　　理想的風險／報酬關係，是高勝算交易的關鍵之一。評估風險／報酬關係，必須瞭解一筆交易最糟情況下的損失程度，以及交易成功的獲利目標。風險／報酬比率當然愈小愈好，但我們應該設定一個可以接受的最高數值。就當日沖銷來說，我覺得比率至少要是1：2或1：3，甚至更低；至於長期部位，風險／報酬比率至少要是1：5。適當拿捏進場的時效，經常可以減少其中的風險部分。

　　一旦決定所能夠接受的最小風險／報酬比率之後，就觀察每個交易對象是否符合標準。首先觀察風險，看看適當停損的位置。接著，估計交易成功最可能實現的獲利程度。獲利目標往往不太容易估計，必要時，不妨採用費伯納西比率，或衡量先前密集交易區間寬度或波段走勢幅度，或估計擺盪指標進入超買／超賣區的可能走勢幅度，也可以觀察較長期走勢圖的支撐／壓力。如果停損風險為$200，你是否願意接受$100的獲利潛能？但願不會。可是，如果獲利潛能為$400、$500或$1,000，又如何呢？或許非常值得冒險。

　　例如30分鐘突破系統之類的交易系統，由於歷史統計資料顯示其勝算頗高，或許可以接受稍差的風險／報酬關係。同樣的，如果你想捕捉反轉走勢或其他風險較高的機會，由於交易失敗機率很高，風險／報酬比率就必須設定小一點。

專業賭徒為什麼經常贏錢

專業賭徒經常贏錢，因為他知道每副牌的勝算。唯有勝算偏高時，他才會下注。舉例來說，假設他需要一張6才能是順子，機會只有1/11。如果某人下注$10，輪到他下注。除非桌面上的錢超過$110，否則他就不該下注。如果他買這張牌的報酬只有$50，意味著他只有1/11的機會贏得$50，卻有10/11的機會輸$10，淨損失期望值為$50/11。反之，假設桌面上有$400，而且假設他拿順子就能贏。在這種情況下，顯然他應該下注，因為他有1/11的機會贏得$400，只有10/11的機會輸$10，贏錢期望值為$300/11。即使他沒買到6，下注還是精明的抉擇。

部位規模

如何設定部位規模，這是很重要的知識，甚至某些人認為這是金融交易最重要的一環。隨著市況變動，有時應該擴大部位規模，有時則應該縮小規模，這方面的知識經常扮演關鍵性的角色。部位永遠採用相同的規模，等於不能判別不同市況或不同風險程度。有時我會先用很小的部位試試水溫，例如：早盤時。剛開盤的最初半小時，在行情還沒有決定當天的發展方向之前，盤勢往往很隨機。通常我很難在開盤最初半小時內賺錢。如果我想在早上進行交易，數量通常都不大。對於價格波動劇烈的市場，我的態度也是如此。這些市場比較難交易，所以我不願介入過深。反之，如果市場趨勢很明確，或剛折返到趨勢線附近，而且停損點距離不遠，這類勝算較高的機會，我的部位規模就會放大。這種情

況下，我不怕冒險，因為代價很高。大多數頂尖好手，一般時候的部位規模都不大。他們會等待適當時機，巨量擴大部位，大撈一筆。就專業金融交易來說，每個月只要有2、3天好日子就夠了。你沒有必要每筆交易或每天都大賺錢。

嘗試瞭解市場的行為

　　瞭解個別股票、類股或市場的行為模式，可以提升交易勝算。我發現大多數市場都有其特殊的行為模式（相對於其他市場來說）。這可能是個別市場參與者具備某種特殊的心理架構。不同市場，各有不同的參與者，行為模式也稍微不同。某個市場或許比較經常出現明確的趨勢，另一個市場則比較經常出現區間整理走勢。當你坐上賭桌時，必須留意對手的行為舉止，嘗試捕捉他們「透露訊息」的徵兆。熟悉市場的行為模式之後，將發現一些重覆出現的型態，這方面的知識非常有價值。舉例來說，過去我經常交易IDTI股票，它每天開盤似乎都會跌個幾塊錢，然後就很快上漲$6左右。當然，這種行為只會出現在上升趨勢，而且漲勢還沒有過度延伸的時候。我發現這種行為模式，就可以利用它賺錢。這種行為模式不會出現在其他股票，而且只延續了幾個月就消失了，但當時屬於相當明確的模式。專注少數幾個市場，記取它們的行為特徵，然後充分運用。

早盤的鑽油類股交易

　　我發現鑽油類股存在一種趨勢。過去三個月來的每天，它們經常在早上10點左右出現漲勢，大約持續45分

鐘到90分鐘。由1分鐘走勢圖觀察，剛開始時，會先出現跌勢，跌勢一旦停頓，你的手腳就要很快，因為每個人似乎都同時準備買進。這是我最近的賺錢法寶，我當然會繼續運用，直到這種模式消失為止。由於這種行為重複出現的頻率極高，勝算實在不低，我的部位規模自然也不小。關於這個部位，停損通常都設定在當天最低價稍下方，或採用45分鐘停損。

勝算低的交易

如何判別勝算不高的市況，然後儘量迴避，這也是提高勝算的方法之一。這就像我大學畢業後，在法國巴黎看到的一家旅館。旅館大門外，有塊告示寫著：「這家旅館有蝨子」。雖然價錢非常便宜，但還是不值得冒險住那裡。只要稍有一點耐心，就可以在附近找到一些只有蟑螂的旅館，價錢或許貴一點，但風險／報酬比率較低。

舉例來說，在趨勢明確的行情裡，猜測頭部或底部的位置，就屬於勝算不高的交易。猜測底部，就像空手承接高處掉下來的刀子。如果價格直線下跌，而你不斷猜測底部的位置，很可能會受傷嚴重。2002年2月4日，就是我忘了帶腦筋出門的日子。當天，原本可以賺大錢，結果只是勉強打平而已。股票市場剛在幾個星期之前作頭，最近呈現下降趨勢；當天，行情開低。請參考圖10-4的S&P 500日線圖，行情顯然處在跌勢。圖10-5則是我經常交易的QLGC日線圖。這支個股走勢圖呈現明顯的跌勢，尤其是在雙重頂排列之後。

圖10-4　S&P 500日線圖：弱勢盤。

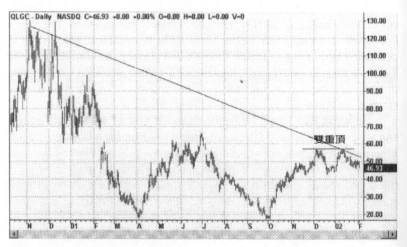

圖10-5　QLGC日線圖：下降趨勢。

　　看倌！你們知道我做了什麼嗎？我數度買進，而且數量
不少，因為我預期股價會反彈。請參考圖10-6的5分鐘走勢
圖，箭頭標示處都代表我進場買進的位置。除了第4次進場
每股賺了20美分之外，其他幾次的平均損失為每股50美分。
當行情明顯向下，而我卻嘗試捕捉底部，這根本就是浪費錢
——至少就長期而言是如此。這種行為只能討好經紀商。當
天，我仍然勉強能夠賺錢，主要是因為我還放空很多股票，
空頭部位的規模顯然超過多頭部位。但願這類的經驗能夠教
訓我：儘量避開勝算不高的交易。我四度嘗試捕捉底部；即
使真的相信股價會反彈，正確的做法還是「觀望」。

　　還有很多應該避免嘗試的交易，例如：在價格出現重大
漲勢而處於超買區，當行情處於通道上限或壓力區，這些情
況都不適合買進。當行情跌破上升趨勢線，顯然也不適合買

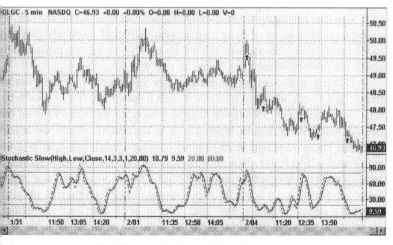

圖10-6　QLGC 5分鐘走勢圖：承接高處掉下來的刀子。

進，因爲趨勢很可能朝下發展。另外，沒有預先設定出場策略與停損，這也是幫助你賠錢的壞習慣。隨著經驗不斷累積，交易者慢慢就能夠判別高勝算與低勝算的機會。最後，你幾乎靠著直覺就知道哪筆交易值得冒險，哪筆不值得。

成為最佳交易者

成爲最佳交易者，就像我的蘇菲貓一樣，需要判別何謂高勝算、何謂低勝算機會。一旦具備這種能力，你就能晉升爲專業玩家。根據我的看法，磨練這方面技巧的最好方式，就在不同時間架構上觀察行情發展，避免建立逆向部位。把各種技術分析技巧，運用在各種時間架構上，自然能找到潛能最高的機會。

每筆交易都必須具備明確的理由，而且必須預先擬定計畫，可以協助你避開不值得冒險的交易。然而，除非你花點時間分析，否則就不知道一個機會有多大風險與多大獲利潛能。唯有瞭解風險／報酬關係，才能判斷機會的好壞。當然，不是每筆交易都能夠成功，但如果能夠預先剔除勝算高或風險過高的機會，就能顯著提升交易績效。交易不要貪多，只挑選勝算較高的機會，你自然會成爲頂尖好手。每筆交易進行之前，不妨捫心自問：「我爲什麼進行這筆交易？」如果沒有明確的答案，或答案不能讓自己信服，最好放棄。如果你想在金融交易市場成功，有兩個能力是非常重要的：具備嚴格的紀律規範，等待適當的機會，進行正確的交易；具備資金管理技巧，當適當機會出現時，採取適當的行動。

掌握低勝算交易的十四祕招：

1. 不要拿捏時效。

2. 專門挑選行情波動最劇烈的市場。

3. 開盤時段大量進行交易。

4. 逆勢操作。

5. 不採用走勢圖。

6. 不理會市況而針對消息面進行交易。

7. 永遠建立相同規模的部位。

8. 儘量嘗試承接高處掉下來的刀子。

9. 交易儘量頻繁。

10. 不能判別高勝算與低勝算交易。

11. 隨意交易。

12. 不需麻煩擬定出場策略。

13. 不需理會資金管理技巧。

14. 在超買區追價。

成為高勝算交易者：

1. 同時觀察多種時間架構。

2. 順著主要趨勢方向進行交易。

3. 等待折返走勢。

4. 學習蘇菲貓。

5. 耐心等待最好的機會。

6. 瞭解勝算高低。

7. 即使錯失機會也是可以接受的。

8. 採用機械性交易系統。

9. 只接受風險／報酬關係恰當的機會。

10. 學習調整每筆交易的風險。

11. 勝算愈高，部位規模愈大。

12. 不要抱著賭博心態。

13. 一切看起來都很好時才進行交易。

14. 每筆交易都需要有理由。

15. 預先擬定計畫。

16. 市場開盤之前，就應該擬妥計畫。

17. 具備遵守計畫的嚴格紀律。

18. 保持專注。

19. 嘗試瞭解市場的行為模式。

20. 每筆交易都做周詳的考慮。

值得提醒自己的一些問題：

1. 進行這筆交易是否有很好的理由？

2. 是否已經做周詳的考慮？

3. 是否瞭解這筆交易的風險程度？

4. 部位規模是否恰當？

5. 這是否是我等待的黃金機會？

6. 這筆交易是否順著主要趨勢方向？

第 IV 篇
交 易 計 畫

第 **11** 章

交易計畫與行動計畫

早上起床，喝點咖啡，然後等著市場開盤之後，再盤算相關的交易事宜；若是如此，你恐怕沒辦法走太遠。優秀的交易者會預先做好功課，在市場開盤之前，已經擬訂各種可能的應對策略。交易不該隨心所欲，每筆交易都必須符合計畫，遵守某種風險參數。每當機會出現時，交易者都能做適當的反應，因為這一切都涵蓋在交易計畫之內。另外，每天都應該有行動計畫，所以不論市場發生哪種行情，交易者都知道怎麼做。

何謂交易計畫？

交易計畫是一種行為準則，讓交易者能夠非常穩定的擬定明智決策。交易計畫由兩個部分構成：**第一部分屬於交易系統**，也就是提供買進／賣出訊號的交易方法；**第二部分包括資金管理參數**。交易計畫的重要領域包括：進場、出場、停損（停止）設定、部位規模與一般風險水準。另外，交易計畫也應該包括所準備交易的市場或行情類型，以及交易者

本身的心理特質與交易風格。最後，還有一個經常被遺漏的項目：**如何評估交易績效**。除非能夠從錯誤中學習，否則無法進步；所以，事後評估很重要。這些個別項目都屬於交易最重要的考量層面，如果能夠把它們有效結合為一個完整架構，絕對可以讓你成為贏家。

交易計畫是一種需要按照個別狀況而訂製的東西，因為每個人的交易風格與風險偏好都不盡相同。交易計畫如果不符合個人條件，就很難遵循。一套好計畫，會讓交易者特別容易發揮其長處，並且儘量避開不利狀況。交易計畫包括交易系統與資金管理方法在內，所以不會經常變動。行動計畫則是根據每天市況發展而擬定的計畫，包括：如何調整停損（停止）點、如何因應昨天公布的某項重要經濟數據、等待行情拉回趨勢線附近才進場。

交易計畫相當於交易者的經營計畫。每個成功的企業都需要完整的經營計畫；同樣的，交易者也需要交易計畫。交易計畫應該包含哪些內容呢？最好的考慮方向，不妨假裝你需要利用交易計畫說服某人投資，提供部分資金而由你負責操作。商品交易顧問提供的公開說明書，也就是一套交易計畫，因為交易計畫的相關項目都包含在公開說明書內。

擬定交易計畫

擬定交易計畫需要花費一些功夫，過程也不簡單。某些人往往只考慮立即的報償，所以選擇立即從事交易，不願花

時間考慮交易計畫。這是非常錯誤的抉擇，因為沒有一套交易計畫做為指南，交易會變得漫無目的。書面的交易計畫，可以幫助你遵循某些明確的法則，避免你在陶醉或恐慌的市況下做出情緒性決策。

交易計畫雖然沒有必要是書面的，但書面的交易計畫，內容比較明確，也方便定期評估。如果你的交易計畫還沒有整理為書面格式，我非常建議你這麼做。一套最簡略的計畫，也勝過沒有計畫。最起碼你要知道每筆交易所允許接受的風險程度，以及哪些市況是你準備交易的。交易計畫的內容可能非常簡單，譬如：

　　只要市場開低，而且在開盤30分鐘之後，進入價格區間的上半部，則買進1口契約；如果價格創當天新低，則賣出，或在收盤賣出。

看起來或許很簡略，但這確實是交易計畫，內容包括：交易系統、資金管理參數與部位規模。交易者可以每天都採用這套計畫。可是，一套比較完整與專業的計畫，就需要回頭考慮稍早提到的「利用交易計畫來說服某人投資」。人們願意提供資金由你負責操作，就**必須清楚瞭解下列事宜：**

　＊ 你的交易方法。
　＊ 你準備採用哪種類型的交易系統？
　＊ 你準備交易哪些市場？
　＊ 你準備承擔多大的風險？

＊ 你可以接受多大的損失？

＊ 你預期的操作績效如何？

＊ 交易成本如何？

＊ 無法預期變數的可能性？

＊ 如何預防重大虧損？

＊ 單一時間所願意承擔的最大風險？

＊ 你準備交易多少市場？

＊ 部位持有時間如何？

不妨想想看，如果你已經知道這些問題的答案，交易績效將有何改善。如果嚴格遵守交易計畫，交易決策都擬定於開盤之前，開盤時段只做進、出場的行動，並調整風險。如果願意花時間整理一套完整計畫，交易將變得很簡單。

為何需要計畫？

採用交易計畫與行動計畫的兩個主要理由，就是**確保你可以永遠執行高勝算的交易，並確定在進行交易之前，就清楚瞭解部位涉及的風險程度**。交易計畫包括一些勝算經過測試的交易策略在內。缺乏計畫的話，今天可能作多，明天可能放空，即使兩天的行情大致相同。根據計畫進行的交易，必定有明確的理由，減少情緒性或突發性的交易。情緒性交易通常都不會成功。在非開盤期間擬定決策，就不會受到行情起伏影響，這類決策成功的機會較大。沒有交易計畫的規範，很容易草率行事、追價，甚至不知道何時應該出場。交易計畫也可以避免過度頻繁的進行交易。交易計畫可以讓你

整天都保持專注，因為你不需要分心思考交易相關的點子。另外，按照交易計畫的指示，你知道自己可以承受多少風險，知道何時應該認賠。事先已經知道最大的可能損失；所以，即使發生最糟的情況，交易也不至於受到影響。

交易計畫的必要內容

交易方法或交易系統

　　首先是你希望採用的交易系統。原則上，交易系統就是一套規則，清楚說明進場與出場的條件。第12章將說明交易系統的建立方法，第13章則討論交易系統的歷史測試程序。交易系統未必只限於一套，你可以採用不同的交易系統，藉以因應不同市場或不同市況。交易系統不一定屬於機械性質，但系統必須清楚說明作多或放空的條件。你不妨根據自己偏愛的風格與技術指標，嘗試建立一套交易規則，直到完全滿意為止。

　　系統建立之後，利用歷史資料進行測試。一套不適用於過去的交易系統，很可能也不適用於未來。當然，你也可以利用「未來」資料進行測試，但代價很可能是實際的虧損。除了領導你進場之外，交易系統也必須帶領你出場。絕對不要忽略出場的重要性，這往往是交易成敗的分野所在。一套適用的系統，可以接受獲利、虧損或持平的交易。實際進場之前，就必須知道自己在何種情況下、在哪裡出場。預先設定部位的出場法則，可以讓你放輕鬆；如此一來，就沒有必要留意行情的每檔跳動。擁有一套交易系統之後，就知道每

天交易的對象與方法，絕對不會出現「一時興起」的交易；只要市況符合特殊一組條件，你就進場。除非市況符合交易系統規範的條件，否則就不採取行動。

再重複強調，一套有效的交易方法，不一定要是正式的機械性電腦化系統；交易系統可能只是一項簡單的交易規則，但規則必須非常明確。舉例來說，

> 只要市場開低，而且在開盤30分鐘之後，進入價格區間的上半部，則買進；如果價格創當天新低，則認賠賣出，如果價格進入平均真實區間的最高20%內，則獲利了結，否則就在收盤出場。

你可以採用一、二十套這類的系統，重點是它們都設定在你的交易系統內，而且確實能夠賺錢。

資金管理方法

雖然交易系統也是必要因素，但交易計畫的最根本之處，是建立在資金管理計畫（相關細節內容，請參考第16章與第17章）。如果缺少資金管理方法，即使交易技巧非常高明，最後失敗的可能性仍然很高。交易者必須瞭解如何運用資本，曉得自己可以承受多少風險，清楚自己通常應該建立幾口契約或多少股數的部位，以及何種情況下應該擴大或減少部位規模，知道哪些市場或股票是自己能夠從事交易的對象。你可以同時在幾個市場從事交易？每個市場可以承受多少風險？這些問題也是資金管理計畫處理的事項。

　　擬定資金管理計畫的過程中，不要怕麻煩，務必清楚規定細節。資本配置的百分率，必須很明確，清楚規定每個或每類市場能夠交易的契約口數。建立適當規模的部位，這是資金管理的最重要成份之一，通常也會決定實際的操作績效。如果交易數量超過自己能夠合理負荷的範圍，很容易招致麻煩，你必須審慎防範。

　　開始交易之前，就必須擬妥資金管理計畫。除非事前已經知道風險，否則就是找麻煩。很多交易者之所以失敗，就是因為沒有足夠的資金支持其交易方法，結果造成風險暴露程度太大。資金管理計畫將清楚顯示，你在任何特定時候所能夠接受的風險程度，以及所能夠接受的虧損。只要預先盤算風險，就不至於損失全部的資本。

準備交易的市場

　　某些人雖然有很好的交易策略，但不知道在哪些市場或股票上進行交易。每個市場都有不同性質，某些市場的走勢比較具有趨勢，另一些市場則經常橫向整理，某些市場價格波動較劇烈，行情擺動較大，雖然當日沖銷的獲利潛能較高，但風險也相對較大。某些市場的流動性欠佳，根本不適合從事短線交易。挑選哪些商品或股票做為交易對象，這是交易計畫必須處理的主題之一。交易對象可能只限於原油，也可能是所有半導體類股，或是平均真實區間超過$2，每天成交量超過100萬股的任何股票。不論交易對象是什麼，你都必須預先決定，那麼在盤中你才知道留意哪些行情，不至於瞎忙一場。對於這些市場，你必須確定交易系統確實可

行；換言之，交易系統曾經利用這些市場的歷史資料進行測試。就我個人而言，會選定一些類股，然後留意其中的5到10支股票。我每天交易的股票大致上都相同，除非我發現某些具有特殊消息面題材的股票適合短線交易。至於期貨，最近我只考慮債券、原油與股價指數。

部位持有期間

　　交易進行所採用的主要時間架構，以及部位平均持有期間，此兩者也是交易計畫應該考慮的事項。主要時間架構取決於個人偏好，部位持有期間大體上則取決於你所採用的時間架構。如果你與華倫巴菲特一樣，有效部位可能持有二十年；如果你是超短線玩家，可能只準備賺個6到10檔跳動。由二十年到2、3分鐘之間的每種期間，可能都是某些人特別偏愛的持有期間。如果你喜歡採用60分鐘走勢圖，成功部位的持有時間可能是三到五天，失敗部位可能在一天內認賠。如果你喜歡5分鐘走勢圖，成功部位的持有時間可能是45到90分鐘，失敗部位則在30鐘內認賠。這些期間並非完全沒有彈性，它們只是反映個人交易風格的參考準則。就我個人而言，成功的當日沖銷部位，典型的持有期間大約在90分鐘到2小時之間，較長期的部位大約持有三天或五天。對於個別部位，持有期間可能較長或較短，前述數據只是平均值。

風險因素

　　就如現實生活的其他層面一樣，你永遠都必須考慮最糟的情況。交易計畫必須考慮最糟情節，不論這些因素是否是你所能夠控制。只要知道相關的風險因素，至少就能準備因

應。如果事先沒有料及，一旦發生時，往往就不知如何是好。你對於行情的判斷可能完全精確，但某項恐怖活動事件可能破壞一切。某些事故，你根本無能為力；但必須預先知道，金融市場什麼事都可能發生。

可能發生的一些意外事故：

＊ 從事交易可能讓你賠錢；如果你沒有賠錢的心理準備，根本不要考慮金融交易。

＊ 你有一套非常好的順勢交易系統，但找不到一個具有明確趨勢的市場。

＊ 聯邦準備銀行突然宣布調降利率。

＊ 市場跳空穿越你的停損點（停止點）。

＊ 行情波動突然轉劇，風險擴大為三倍。

＊ 市場連續鎖住停板，你已經三天無法出場，每口契約損失較預期多出$3,000。

＊ 佣金費用太高。

＊ 就在建立20口契約的多頭部位之後，你的電腦當機，然後市場跟著崩盤。

＊ 交易所的數據線被老鼠咬壞，造成整個交易停擺。

＊ 你所持有的股票，因故暫停交易兩天。

＊ 全美國第七大的公司宣佈倒閉。

＊ 家裡可能發生特殊事故，讓你情緒完全喪失平衡，甚至無法正常從事交易。

這些事件看起來都不太容易發生，但我可以告訴各位，上述每件事都曾經發生在我身上。

成　本

　　交易計畫必須考慮成本的問題。第13章討論交易系統歷史測試的過程中，將談到交易成本對於操作績效的影響。目前讀者至少也應該瞭解交易費用是不可忽略的項目。交易計畫應該想辦法儘量降低這方面的相關成本。最常見的交易成本就是佣金費用，但也不要忘了滑移價差與其他規費。另外，還有一些交易相關費用也要考慮，例如：即時報價與分析軟體。你準備如何處理這些費用呢？直接由交易帳戶內扣減，或運用其他的資金安排？

評估交易操作績效

　　交易計畫內應該規定每隔多久評估一次操作績效。這方面的評估沒有必要記錄為日記形式（雖然建議這麼處理），但至少要有一套方法評估最近的交易，瞭解自己哪裡做得對、哪裡做錯了。由未平倉部位開始，留意部位是否仍然處於當初設定的參數範圍內。如果不是或部位建立當初的理由已經不復存在，就必須更嚴格監督或想辦法出場。至於多久評估一次，主要是取決於交易的時間架構。持有時間較長的部位，或許只要每天評估一次，對於極短線的玩家來說，可能需要不斷進行評估。

隨時需要評估的事項：

＊ 價格是否到達目標區？

＊ 是否已經接近目標區而需要更嚴密觀察？

＊ 是否需要加碼或減碼？

＊ 是否按照計畫發展？

＊ 資金運用到其他方面，績效是否更理想？

＊ 現在就應該出場，或再持有一段時間？

＊ 行情是否逼近停損點（停止點）？

＊ 你是否忽略停損點（停止點）？

＊ 價格波動程度是否發生變化？

評估未平倉部位之後，接下來考慮虧損部位。如果虧損部位能夠正確而迅速的認賠，就可以視同成功；對我而言，這些也是最重要的交易，因為迅速認賠是我希望自己永遠能夠具備的能力。一筆原本可能演變為重大虧損的交易，最後卻能迅速認賠，我覺得這比獲利部位更值得驕傲。我會記取經驗，牢牢記住那些促使我斷然認賠的市況或現象；將來只要見到類似情況，我期望自己仍然能夠採取正確的認賠行動。由於我經常會讓小賠部位演變為大賠，所以我非常重視這方面的評估。如果我讓某筆交易發展到幾乎不可收拾的局面，就要深入反省，絕對不允許自己重蹈覆轍。接下來，應該評估那些操作不恰當的部位，不論最後結果是賺或是賠。我希望自己將來不會重複類似的錯誤（知易行難）。最後才會評估獲利交易，想辦法汲取其中的教訓。這類評估花的時間不多，頂多是收盤後的幾分鐘——而且絕對值得的。沒有評估自己進行的交易，就不明白行為的對錯。不要只是單純的評估交易，還必須隨時留意交易計畫是否仍然有效。你之所以發生虧損，問題可能出在交易計畫本身。

行動計畫

　　擬妥交易計畫之後，接著需要考慮每天使用的行動計畫。行動計畫涵蓋交易相關的例行決策，並用以執行交易計畫。行動計畫不同於交易計畫，舉例來說，按照交易計畫的規定，每當價格逼近趨勢線的半點之內，而停損位在趨勢線另一側的半點內，則買進2口契約。行動計畫用來判斷行情時符合前述條件，並且實際拿捏進場時效。

　　交易決策最好在非開盤時段內擬定，做為市場開盤之後的行動指南。每天晚上回家之後，我都會分析當天的行情。列舉一張清單，顯示我隔天準備買進與放空的股票。並且會觀察支撐壓力水準，以及我準備介入的重要關卡或突破價位，當然，我也知道自己準備在哪裡出場。隔天市場開盤時，我已經有一張清單在手上，列舉我準備交易的股票與價位；這就是我的行動計畫。至於能承擔多少風險，採用哪些技術指標確認相關交易，仍然屬於交易計畫處理範疇，每天的交易則仰賴行動計畫。午餐時段，我會重新評估當天的行動計畫，必要時，會做些調整。我會找一些適合下午交易的新機會，重新評估未平倉部位的風險與停損點（停止點）。

　　最近，我的行動計畫都是在早上10點買進鑽油類股，然後在午餐時段買進科技類股，每個部位大約持有90分鐘。如果部位在30分鐘內沒有發生預期的走勢，我就出場。這套操作模式最近頗為適用，除非情況發生變化，否則短期內不會更改行動計畫。

行動計畫可以讓你保持專心。如果沒有行動計畫的節制，可能出現一些莫名其妙的交易，舉例來說，你可能因為無聊、手癢或特殊新聞而進行交易，或受到其他交易者的影響。行動計畫應該顯示各種行情發展的因應對策。不論發生哪種市況，行動計畫通常都已經預做安排，你只能進行一些預先設定的交易，不可為了尋找刺激而交易。每當我事後回顧某段行情，不可否認的，往往也會因為錯失機會而覺得懊惱。可是，除非該筆交易原本就在計畫之內，否則就必須自我節制，繼續等待預先設定的機會。如果因此而錯失一些機會呢？市場永遠都有機會，錯失一些機會無關緊要。

紀律規範

紀律規範雖然不屬於交易計畫的一部分，但交易者必須具備紀律規範，才能嚴格遵守計畫。只要開始不受交易計畫的節制，很容易就發生虧損，然後進行一些情緒性的交易；介入一些不該涉及的市場、交易過度頻繁、承擔過高的風險、部位持有時間太長從事勝算明顯偏低的交易。

一系列的獲利或虧損交易之後，紀律很容易鬆弛。絕對不允許虧損破壞既有的交易計畫。即使發生一些虧損，仍然應該繼續遵守交易計畫。不要突然更改交易風格，不要變得更積極或頑固。**虧損是經營金融交易業務的必要成本**；虧損一旦發生，就把它們擺在一旁，另外尋找賺錢的機會。有些人會因為虧損而擴大部位規模，這是最糟的情緒性反應。如果發現自己不斷發生虧損，不妨考慮暫停交易，徹底檢討交

易計畫。反之，你也絕對不要因為手氣很順暢而忽略了交易計畫。很多人會因為幾筆獲利而變得驕傲，自以為所向無敵，不需受任何節制；於是，交易變得愈來愈魯莽，部位也愈來愈大。交易的績效很好，很可能是交易計畫的功勞，不要漠視這點。

成為最佳交易者

如果想成為最佳交易者，就必須養成擬定交易計畫與行動計畫的習慣。交易絕對需要一些概略方針，說明風險與策略的處理方式。除了交易計畫之外，日常交易還需要安排行動計畫，協助你專注於高勝算的機會。如果沒有事先擬妥計畫，交易就會變得沒有頭緒。真正的玩家，在市場開盤之前，就已經知道當天想做些什麼。不論行情上漲或下跌，他都知道自己的應對策略。交易計畫必須包括一套經過歷史資料測試的交易系統，使你不需深入思考就能直接採取行動。一套適用於過去的策略，很可能也適用於未來，這類策略的勝算較高。

如果想成為最佳交易者，就需要一套完整的資金管理計畫與風險參數，告訴你可以承受多少風險。除非把風險侷限在適當範圍內，否則很可能因為幾筆不順利的交易而破產。**你必須清楚一些事**：自己能夠承擔多少風險；可以進行多少契約或股數的交易；何時應該擴大部位規模；哪些是你能夠從事交易的市場。這些都不是交易時段內應該考慮的事項；換言之，應該預做安排。不要只是想想而已；坐下來，實際

著手進行。預先備妥交易計畫，然後嚴格遵守，絕對可以協助你提高交易績效。一份完整的交易計畫，即使你交給陌生人，他也知道你打算如何進行交易。

最後，我要強調：如果想成為最佳交易者，**必須定期檢討自己的交易**。你必須養成習慣，定期檢討交易與交易計畫，這也應該是交易計畫的一部分內容。首先檢討還沒有結束的部位，然後才是已經結束的部位。過去的經驗，是最佳的學習對象，千萬不要忘記這點。交易計畫本身也是你應該檢討的對象，看看其中有何疏漏之處，是否有什麼改進之道。對於交易者來說，交易計畫是最珍貴的資產。

缺乏交易計畫和行動計畫可能引發的問題：

1. 毫無節制。
2. 疏忽好的交易策略。
3. 根本不知道應該承擔多少風險。
4. 不知道應該在哪些市場從事交易。
5. 不知道應該交易多少契約口數。
6. 交易過度頻繁。
7. 帳戶破產。
8. 對於特定的市況毫無因應策略。
9. 不知道何時應該出場。
10. 不知道如何評估自己的操作績效。

有效運用交易計畫行動計畫：

1. 把交易計畫看成經營計畫。

2. 交易計畫與行動計畫把所有的交易相關事項整合在一起。

3. 此兩者需要符合個人的交易風格。

4. 此兩者能夠讓你專注於績效已經獲得證明的策略。

5. 此兩者讓你能夠因應各種市況變動。

6. 此兩者讓每筆交易都有充分理由。

7. 此兩者協助你遵守資金管理計畫。

8. 此兩者可以舒緩交易的緊張氣氛。

9. 知道自己頂多能夠接受多少損失。

10. 行動計畫讓你進行的交易都經過深思熟慮。

11. 預先設定出場點。

12. 透過檢討而學習。

13. 此兩者可以避免情緒性決策。

14. 此兩者讓你知道在哪些市場進行交易。

15. 必須要有嚴格的紀律按照計畫行事。

值得提醒自己的一些問題：

1. 我是否備妥交易計畫？

2. 我是否備妥行動計畫？

3. 我是否有交易策略？

4. 我是否有資金管理計畫？

5. 我是否經常不按照計畫行事？

6. 我是否很有紀律？

7. 我是否定期檢討交易？

8. 我最近在什麼時候檢討交易計畫？

第 12 章

系統交易

交易計畫內應該包含交易系統，這是由簡易買、賣法則構成的交易方法。交易系統非常重要，系統結構即使稍微簡略也無妨，否則交易就會變得毫無頭緒，相當危險。交易系統不一定要非常精密複雜，也沒有必要非常明確，更不必是電腦化系統；系統可以涉及一些主觀判斷，也可以是純機械式的；系統的主要功能，就是讓交易有一套可供遵循的行為指南。你可以自行設計或直接購買交易系統，但系統必須符合個人的交易風格。沒有任何交易系統，可以同時滿足每個人的需要。某個人覺得有效的方法，未必適用於另一人，因為每位交易者都有自己覺得合適的方法。原則上，交易系統的最主要功能，就是重複進行某些高勝算的交易。

何謂系統？

簡單說，系統就是交易者利用來擬定買賣決策的一套法則。這套買賣法則可能很簡單，例如：短期均線向上穿越長期均線則買進，短期均線向下穿越長期均線則賣出；可是，

交易法則也可能很複雜，可能有十多個條件要同時滿足，才能進行交易。一套完整的系統，不只要提供進場訊號，也要有出場和停損訊號。曉得何時進場，只代表半套系統，顯然不夠完整。雖然有些人認為，交易系統必須運用電腦程式編寫為TradeStation之類的交易軟體，必須能夠自動提供買、賣訊號，實際上並不必如此。只要是可供交易者重複運用的一組法則、價格型態或條件，藉以擬定交易決策，就可以稱為交易系統。我所運用過的很多交易系統，完全是由書面走勢圖來提供訊號。我分析價格走勢圖，然後寫下準備進場與出場的價位，只要市場出現這些價位，就採取預先決定的行動。交易系統可以在走勢圖上做視覺判斷，舉例來說，當某股票如果沒有跟著大盤一起下跌則買進。這類的交易法則很難編寫為電腦程式，但確實屬於有效的系統訊號，也是可供重複遵循的明確條件。交易系統也可以建立在基本分析之上，舉例來說，當石油存量低於上個星期的水準則買進，如果高於上個星期的水準則賣出。我經常採用非正式的交易系統：我知道哪些價格型態很可能有效，只要看見它們，我就進場交易。由於我通常都同時觀察數個時間架構的走勢，電腦化系統很少能夠同時留意數個時間架構。因此，我同時運用數套不同的系統，然後透過視覺做訊號確認。我也會運用主觀判斷，尤其是在出場時。如果我在某個時間架構上看到一些令我不舒服的現象就出場。雖然這些判斷基於主觀偏好，但仍然屬於交易系統，因為我始終都運用相同的準則擬定交易決策。

　　如果採用純機械性的訊號，不論訊號是否由電腦提供，

這類交易者統稱為**系統性交易者**（systematic traders）；換言之，他們只要看到訊號，就毫不思索的根據訊號採取行動。某些人對於交易系統提供的訊號，還會做進一步的篩選；換言之，訊號是否被接受，必須取決於市況，或必須經過其他技術指標的確認。這類交易者統稱為**選擇性交易者**（discretionary traders）。這兩種交易風格都各有長處與短處，我們稍後會詳細討論。

為何應該採用交易系統？

我可以大膽的說，絕大部分專業交易者都透過某種系統擬定交易決策。不論是電腦化交易系統，或只是一套規範交易行為的法則或條件，這些系統可以讓他們保持在特定軌道上。某些人採用純系統性的方法，每筆交易都按照電腦提供的訊號進行，另一些人則會做進一步篩選，只把交易系統視為參考準則，最後決策則根據主觀判斷，尤其是關於部位規模的決策。重點是這些交易系統都是一些能夠進行高勝算交易的法則。那些最頂尖的玩家，即使沒有寫下明確法則，在實際進場或出場之前，也會觀察特定的行情結構。

這些專業玩家非常清楚，交易系統可以幫助他們掌握高勝算交易。他們知道根據一套績效經過測試的系統進行交易，可以提升賺錢的機會。當然，交易系統的訊號也可能完全錯誤（這是沒有問題的，只要訊號有50%的正確，你的績效就很不錯了），但只要你長期運用這種高勝算的法則，成功交易的獲利，絕對超過失敗交易的虧損。反之，如果完全

不採用系統，交易結果就有很大成分仰賴運氣；一套績效經過歷史資料驗證的系統，可以減少運氣對於交易績效的影響程度。運氣成分減少愈多，你就能成為最佳交易者。

　　某些交易者之所以發生嚴重問題，就是因為不採用交易系統或交易計畫。他們進行的交易，經常沒有明確理由，也沒有一貫韻律。任何兩筆交易的思考模式可能全然不同：某天，當他們看到價格向上突破，於是買進；隔天，對於相同的突破走勢，卻認為是假突破而放空。優秀的交易者，必須採用前後一致的法則。擁有一套系統，就有一套明確的法則可供遵循。採用交易系統之後，比較不容易發生一些毫無意義的錯誤。依據交易系統的訊號行事，就不會模稜兩可，唯一的問題只是你準備多嚴格遵守交易系統。觀察行情發展時，我經常會想：

　　　「目前處於多頭市場，所以我應該作多。不，等一下，價格似乎有點下滑，好像更適合放空。可是，我不知道，真的很難決定，價格已經回檔不少，說不定還是應該買進。」

　　這類的交易顯然毫無章法。交易系統不會發生這類的問題，它會清楚告訴你應該如何做。

　　交易系統的另一項重要功能，就是能夠告訴你何時出場。某些人非常擅長設定進場點，可是，部位一旦建立之後，卻完全不知道何時出場。他們或是過早獲利了結，或讓

虧損過度累積，也可能流失太多既有獲利，甚至會轉盈為虧。進場當時，他們從來不預先考慮出場的位置或時機。一套勝任的系統，會幫交易者考慮出場的問題；只要遵循系統的指示，就知道何時應該出場。

購買或編寫系統

編寫一套交易系統並不困難，甚至幾分鐘就可以完成；可是，如果想編寫一套真正值得信賴的系統，恐怕就要花不少時間與功夫，甚至不斷修正、測試，直到一切都很妥當為止。如果你曾經使用交易軟體，就應該知道學習程式編寫是多麼困難的工作；只要你實際投入時間與精力發展一套系統，就瞭解很多人為什麼乾脆不採用正式的系統。他們也許曾經試圖這麼做，但很快就放棄了，於是採用半生不熟的系統，或完全不採用系統。可是，如果你不想輸在起跑線上，就應該有一套可靠的系統或策略可供遵循。

購買系統

如果你覺得編寫交易系統太麻煩，或者根本不知道如何著手，那麼最簡單的辦法，就是購買現成的系統。翻閱雜誌的廣告，或上網搜尋，很容易就找到這類產品，但我非常懷疑它們的效能。如果是我，絕對不會出售任何有效系統；我會留給自己用，最起碼也不會讓別人利用它來和我競爭。因此，你所購買的系統，賣方應該不會有很好的使用經驗，或者是他已經不再使用的老舊系統。

　　另外，廣告上刊登的交易系統，績效紀錄大多不能採信。他們說，某系統曾經在三年內，把$1萬變成$13萬2,000。然後，在非常不起眼的地方，有一些很小的字寫著，績效紀錄不含滑移價差與佣金費用，而且所有的獲利都再投資。事實上，沒有人會把所有的獲利全數投入市場；至少這種資金管理方法不恰當，因為只要發生一、兩筆重大虧損，就會讓先前所有努力都泡湯。忽略佣金與滑移價差，也會讓理論績效完全不同於實際結果。適當考慮每個項目之後，$132,000可能只代表三年$7,000的獲利。另外，廣告上的績效紀錄，通常都經過最佳化；換言之，在測試過程中，系統參數都不斷進行調整，直到績效顯示最佳狀況為止，然後挑選一段最適當的測試期間，做為廣告上的績效紀錄。如果採用另一組參數值，或把同一組參數值運用於另一段期間，結果可能是虧損。最後還必須考慮交易者本身的風格，如果交易風格與系統方法不能配合，恐怕也不能正確運用系統。每個人都有自己的風格，交易系統的方法未必很「對盤」。

　　不過，話說回來，讀者也不要覺得太失望。我知道某些人曾經利用現成的系統取得不錯的操作績效。市面上仍然有一些不錯的系統，績效頗值得信賴，只要使用者能夠嚴格遵守系統訊號，仍然可以賺錢。有一類系統稱為「黑盒子」系統，這類系統只提供訊號，但完全不告知使用者這些訊號是如何產生的。我個人無法接受這類系統；我必須瞭解系統的方法結構是否符合我的風格。可是，某些人並不在意這方面的問題。

自行編寫系統

如果你打算採用機械性系統，但不知道如何著手，或許可以考慮購買現成的系統。這經常也可以幫助你自行編寫系統：徹底分析別人的系統，想辦法瞭解其運作邏輯與結構。看看是否能夠改進，讓該系統更符合自己的風格，或直接擷取其中的某種想法。本章說明過程中，偶爾會提到我利用「簡易語言」（Easy Language）在TradeStation編寫的程式與完整系統。如果願意，讀者可以利用這些東西做為基礎，發展自己需要的系統。另外，在相關雜誌與網站上，你也可以看到一些免費的系統。相對於別人編寫的系統，自行設計的系統比較好用，即使是由別人的系統修改而成。

大體上，本章與下一章的主題，都是說明如何發展電腦化交易系統，並討論相關問題，但這些內容大多也適用於人工系統。如果你沒有可供編寫程式與歷史測試的軟體，恐怕就只能用人工系統，結果應該不會有太大差異。我早期採用的系統，完全沒有運用電腦；一切都使用人工方式，結果也很好。電腦可以做一些繁瑣的工作，節省很多時間。過去，我經常花幾個月時間，測試交易系統功能，雖然別人已經告訴我，該系統完全沒有問題；絕對不要把任何東西視為理所當然。自從我開始採用TradeStation編寫與測試系統之後，時間節省不少，尤其是歷史測試方面。過去要花幾個月時間的工作，現在只要幾分鐘就完成了。於是，我有很多空暇時間，所以也就寫了這本書。

我的第一套系統

非常幸運的，我剛開始從事交易時，就採用交易系統了。雖然這些系統的結構都很簡單，完全透過人工方式進行測試，不過績效還不錯。我的第一套系統運用場內交易使用的圈叉圖。場內交易員沒有電腦可用，所以很多人都利用人工方式記錄圈叉圖，每當價格出現特定數量以上的變動，就計上一個圈或叉。當初在場內擔任辦事員時，就學會如何繪製圈叉圖，後來一位資深交易員告訴我應該留意哪些型態，並教我有關圈叉圖的交易方法。原則上，圈叉圖是採用順勢突破系統。至於出場位置，通常都是利用先前密集交易區間的寬度來衡量目標價位，否則就藉由反向訊號出場。

後來，我同時觀察更多的市場。通常我都會隨身攜帶相關商品的走勢圖，並隨著行情發展，不斷更新走勢圖。我大約同時追蹤十個市場，採用目前仍然使用的反轉日系統。系統的交易法則很簡單：假設今天最低價低於昨天最低價，就在昨天收盤價稍上方（不同市場採用不同濾網幅度）設定停止買單。停損點設定在當天最低價稍下方。

交易系統應該具備的一些特質

編寫或挑選一套交易系統時，應該注意一些事項。首先，交易系統必須符合使用者的風格。其次，一套容易瞭解而有效的系統，其結構愈單純愈好。結構愈複雜的系統，愈可能是針對特定價格資料編寫的系統。另外，理想的系統應

該適用於不同時間架構與不同的市場；換言之，最好不要挑選只適用於特定市場或特定時間架構的系統。一個有效的交易策略，應該具有普遍適用的性質，否則就大有問題。至於系統績效（下一章將詳細討論），當然需要有正數的期望值，而且非常穩定，相較於特定獲利的潛在虧損不要太大。

單　純

　　交易系統應該儘量保持單純。過度細膩不僅不會讓系統變得更好，而且可能適得其反。建構系統的過程中，沒有經驗的交易者經常會使用太多的技術指標或變數，這是很常見的錯誤；通常最佳的系統結構也最單純。大體來說，一個空白信封的背面，就應該容得下所有的交易法則；另外，一般人應該都可以輕易瞭解交易系統的法則。否則的話，系統的結構就太複雜了。只要記住一個古老格言：「**保持單純，傻瓜**」（Keep It Simple, Stupid，簡稱KISS），就沒問題了。

　　目前可供配合運用的技術指標與方法幾乎有無限多種，但實際使用上，交易者通常都只偏愛少數幾種。我從來不會使用太多技術指標或方法。我會尋找一些適用於大多數市場與市況的技術指標，絕不會因為標新立異而採用一些新奇古怪的指標。事實上，如果希望成功，資金管理方法的重要性，甚至超過全世界的技術指標；總之，只要找幾個你特別喜歡的技術指標就夠了，儘量保持單純。如果交易系統包含四十二種變數，那就太過分了。系統使用的技術指標或參數愈多，就愈可能出差錯；萬一出了差錯，由於可能出問題的地方太多，很難找到癥結所在。系統採用的法則愈來愈多，

就會產生「曲線套入」（curve-fitted）的問題（換言之，倒果為因，根據實際測試結果來設定法則），這類系統很難進行分析、改進，因為所需要考慮的參數太多了。為了增加或減少系統訊號的有效性，某些人會編寫濾網，這方面的工作也不要進行得太過分。換言之，濾網也應該儘量保持簡單，否則適用於測試資料的濾網，很可能不適用於將來的實際市況。相較於那些經過曲線套入的複雜系統，過去有效的單純系統，將來繼續有效的可能性較高。

必須符合個人的交易風格

　　交易系統必須符合個人的風格與習慣。一套系統可能非常適用於某甲，但某乙使用起來總是發生虧損。為什麼？因為交易風格不同的緣故，某乙未必相信該系統提供的訊號，舉例來說，某些人偏好在行情突破時進場，這類訊號顯然不適用於那些偏好使用隨機指標的人，因為當時的市況顯示超買／超賣。某些人的部位只願意持有幾分鐘，另一些人則願意持有幾個小時；這完全取決於個人的交易風格，一旦養成習慣之後，就很難更改。以我個人來說，不管過去如何努力嘗試，就是不能成為超短線的玩家；只要部位繼續獲利，通常我都希望繼續持有。我使用的交易系統必須考慮到這點。交易者如果非常不願容忍虧損，可能比較適合採用擺盪指標的系統；至於那些願意持有較長期部位的人，或許比較願意接受移動平均系統。某些人只願意買進，就是不能放空；若是如此，交易系統就不能出現放空訊號。

　　交易系統務必讓使用者覺得很自然，使用者必須相信系

統提供的訊號。為了滿足這點，你必須瞭解自己是哪類型的交易者，知道自己的癢處在哪裡；你必須自我分析，瞭解自己想要如何進行交易。你之所以進場交易，是為了追求刺激，或為了賺錢？你是否願意每個星期只進行一筆交易，如果你知道該筆交易一定賺錢？或者你必須每天進出50次？你是否特別喜歡趨勢反轉、順勢或突破的交易機會？你是否另有全職工作，不能隨時看盤？若是如此，你採用的交易系統必須能夠在開盤前或收盤後下單，不能在盤中發出訊號。不論你是哪一類型的交易者，所採用的系統都必須讓你覺得舒服、自然，而且符合你的交易習慣。

瞭解自己是哪類型的交易者？

你是否想知道自己是哪類型的交易者？適合採用哪類交易系統？不妨考慮下列問題：

* 你覺得自己需要多久交易一次？
* 你最喜歡哪種時間架構？
* 你是否比較喜歡順著趨勢發展方向進行交易？
* 你是否喜歡針對突破走勢進行交易？
* 你是否喜歡反向思考，永遠都想捕捉趨勢反轉的機會？
* 你喜歡採用哪種技術指標或價格型態？
* 你的交易心態是否很積極，或明顯厭惡風險？
* 你是否能夠接受走勢沉悶的市場或牛皮股？或只能接受快速變動的走勢？

❋ 你是否願意持有隔夜部位？

❋ 你是否很敏感、容易緊張，或者神經很大條？

❋ 你是否很在意每檔價格跳動？

❋ 你是否能夠聽任一筆交易自然發展？

❋ 你是否希望很多一壘安打，或特別強調全壘打？

❋ 你可以處理規模多大的部位？

❋ 你是否想靠交易維生？或只是為了好玩，順便賺幾塊錢？

❋ 你對於每筆交易可以從容接受多少損失？

❋ 你知道如何處理虧損部位嗎？

❋ 你允許自己判斷錯誤的頻率有多高？

❋ 你的帳戶淨值允許出現多少百分率的虧損？

❋ 你的每筆交易可以容忍多少虧損？

只要你能夠誠實回答這些問題，就可以開始琢磨自己適用哪些交易系統，而且很可能願意接受該系統的訊號。

不同類型的交易風格與交易系統

交易方法有很多種，每種都可能成功，問題是如何找到個人覺得最自然、最能接受的方法，才是最重要的。本章接下來準備討論一些交易系統供各位參考，讀者或許可以利用這些系統做為基礎或範例，自行編寫一、兩套系統。這些例子都包括TradeStation「簡易語言」編寫的程式在內。

突破系統

　　突破系統可以算得上歷史最悠久、結構最簡單、效果最理想的交易系統之一。這類系統之所以能夠有效運作，最主要的理由，是訊號發生在趨勢開始或重新啟動之初。每個趨勢或主要走勢，都是由先前高點／低點的突破開始，如果你喜愛介入這類行情，就適合採用突破系統。採用這類系統必須有心理準備，因為突破經常是假突破；若是如此，你就會買在最高點或放空在最低點。既然如此，突破系統何以能夠賺錢呢？因為少數有效的突破訊號，獲利程度通常都很可觀，足以彌補多數假訊號造成的損失。耐心的交易者特別適合採用突破系統，因為他們願意等待突破之後的折返走勢，而且在部位獲利持續擴大的情況下，願意繼續持有。突破系統的使用者，很多都採用停止單做為進場工具。我個人不太贊同這種做法，因為突破當時很可能已經處在超買／超賣情況下，最好還是等待行情折返再考慮進場。我本身是採用一套系統來尋找符合突破條件的市場，然後在較短時間架構上，運用另一套系統來捕捉折返走勢的進場點，藉以提高交易的勝算。

　　最簡單的突破系統，可以把進場訊號設定為價格穿越最近x期的最高價（或最低價）。至於部位的出場或停損，留待本章稍後討論；現在讓我們先處理進場訊號。

　　TradeStation的使用者，可以把買進訊號設定如下：

Input: Length(10)

If Close > Highest(High,Length)[1]　Then Buy On Close;

解　釋：

　　輸入變數：長度（10）

　　如果 收盤 > 最高價（盤中高價，長度）[1]　則在收
　　盤買進

　　如果收盤價高於前一期起算的最近10期（長度）最高
價，則買進。（譯按：所謂「收盤」是指線形本身的收盤
價，不是每天收盤價。如果採用5分鐘走勢圖，每5分鐘就有
一個收盤價。）

　　輸入變數：長度（10）；這讓你很容易調整最高價的回
顧期間長度。一套系統的所有輸入變數都擺在最頂端。[1]是
指期間長度是由前一期起算，不是由當期起算。由於在收盤
之前，你不能確定當期的最高價究竟是多少，所以不能把當
期最高價考慮在訊號設定內。

　　如果你希望在當期收盤之前就買進，則可以採用：

If High > Hihest (High,Legth) [1]　Then Buy;

解　釋：

　　如果收盤 > 最高價（盤中高價，長度）[1]　則買進

　　為了避免被假突破欺騙而造成訊號反覆，可以在系統內
加入濾網做為緩衝。這有很多處理方式。就目前考慮的例子

來說，第一種方法是把最近10期最高價加上幾點；換言之，唯有當價格高於最近10期最高價的點數超過特定程度之後，才接受買進訊號：

If Close > Highest (High,10) [1] ＋ 5 points Then Buy On Close;

解　釋：

　如果 收盤 > 最高價（盤中高價，長度）[1] ＋5點　則在收盤買進

你也可以利用價格波動率做為濾網。價格波動程度會隨著行情或市場而變動，如果價格波動轉劇，突破的認定就必須更謹慎。突破系統內，你可以加上1個標準差的濾網，藉以過濾一些偶發性的突破走勢。對於買進訊號，標準差緩衝可以加在最近x期最高價。你可以把這個條件直接設定在訊號上，也可以另外考慮，我的做法如下：

Buffer = StdDev (Close,10)[1]
If Close > Highest (High,10)[1] ＋ Buffer Then Buy On Close;

解　釋：

　緩衝＝標準差（收盤價，10）[1]
　如果 收盤 > 最高價（盤中高價，長度）[1] ＋緩衝　則在收盤買進

　　換言之，緩衝定義為當期之前最近10期收盤價的1個標準差。

　　另外，我們也可以考慮採用移動平均突破系統，緩衝則設定如下：如果收盤價連續處在35期移動平均之上2天，則買進。這可以確保突破不會只是1天行情。對於這類的緩衝，你也可以採用3天、4天或任何期間。

If Close > Average (Close,35) And Close[1] >
　　Average (Close,35)[1] Then Buy;

解　釋：
　　如果 收盤價>平均值（收盤，35），而且 收盤[1]>平均（收盤，35）[1]，則買進

　　換言之，如果當期收盤價大於當期起算的35期收盤價平均值，而且前一期收盤價大於前一期起算的35期收盤價平均值，則買進。

　　此處或許還需要考慮另一個條件：成交量顯著擴大。如果交易系統的訊號條件不只一個，就必須把它們結合起來，例如：

Inputs: Length(10) ,Lengthv (5);
Condition1 = High>Highest(High,Length)[1];
Condition2 = Volume>(Average(Volume,Lengthv)＊1.25);
If Condition1 and Condition2 Then Buy On Closer;

解　釋：

輸入變數：長度（10），長度V（5）

條件1 = 盤中高價>最高價（盤中高價，長度）[1]

條件2 = 成交量>（平均值（成交量，長度V）*1.25）

如果條件1與條件2都成立，則收盤買進

第一個條件也就是稍早提到的突破條件，換言之，價格突破最近10期的最高價。第二個條件則是成交量構成的濾網，當期成交量必須超過最近5期平均成交量的一・二五倍。所以，如果成交量沒有顯著放大，即使價格發生突破，交易系統也不會出現買進訊號。

某些突破系統需要一些特殊價格型態的配合，例如：通道、趨勢線、雙重頂等，這些型態很難納入電腦程式。對於這類系統，恐怕必須直接採用走勢圖來判斷訊號。雖然不能編寫為電腦程式，但畢竟有一組明確的交易法則，所以也是交易系統。

順勢系統

順勢交易方法，主要採用移動平均與趨勢線。由於趨勢線很難納入電腦程式，所以順勢系統最好採用移動平均。如果想配合價格型態運用，恐怕就必須運用視覺交易系統。

如同先前討論的突破系統一樣，依靠順勢系統建立的部位，持有時間愈久，績效通常也愈理想。如果行情來回擺盪，順勢系統就非常不適用。為了避免訊號反覆，最好採用

較長期的移動均線；不過，有利就有弊，長期均線雖然可以避免訊號反覆，但也同時會造成訊號不夠及時的問題，當系統發出訊號時，行情可能已經發展一大段了。所以，究竟如何在長期與短期均線之間拿捏，這是交易者必須自己決定的。另外，請注意，移動平均本身就屬於落後指標。不論漲勢或跌勢，唯有行情發展一段時間之後，既有趨勢才會慢慢反映在移動平均；換言之，移動平均反映的趨勢，是發生在稍早之前。任何系統只要採用移動平均，訊號就會落後，但只要趨勢足夠強勁，這類系統仍然能夠捕捉大部分的行情。

　　最基本的移動平均系統，當屬兩條均線構成的穿越系統。如果短期均線向上穿越長期均線，則買進。

Input: Length1(10), Lenght2(35);
If Average(Close,Length1) Crosses Over
　　Average(Close,Length2) Then Buy On Close;

解　釋：
　　輸入變數：長度1（10），長度2（35）；

　　如果　平均值（收盤，長度1）　向上穿越　平均值（收盤，長度2），則收盤買進；

　　10期均線向上穿越35期均線，代表買進訊號。雖然訊號發生在當期結束，但可以在下一期開盤時段採取行動，因為在當期還沒有收盤之前，無法十分確定包含當期收盤價在內的移動平均數值。有時移動平均看起來似乎會穿越，但臨收

盤前可能突然發生逆轉。你也可以稍微改變程式，利用前一
期資訊而在當期開盤買進：

```
Input: Length1(10),Length2(35)
If Average(Close,Length1)[1] Crosses Over
    Average(Close,Length1)[1] Then Buy On Open;
```

解　釋：
　輸入變數：長度1（10），長度2（35）；

　如果 平均值（收盤，長度1）[1] 向上穿越 平均值
（收盤，長度2）[1]，則開盤買進；

　系統還可以設定另一個條件，規定只能順著50期或200
期均線的變動方向進行交易，使得部位不至於違背主要趨
勢。至於移動平均的變動方向，則可以比較目前起算的50期
均線，與10期之前起算的50期移動平均：

```
Input: BarsBack(10)
Condition1 = Average(Close,50)>
    Average(Close,50)[BarsBack];
```

解　釋：
　輸入變數：數期前 （10）

　條件1 ＝ 平均值（收盤，50）＞ 平均值（收盤，50）
[數期前]

　　除此之外，你可能還希望買進訊號發生當時，價格不要遠離移動平均，否則就有追價之嫌。就我個人來說，我會要求當時價格與移動平均之間的距離，不得超過1平均真實區間（average true range）；除了平均真實區間之外，當然也可以採用標準差或點數。以下利用35期均線來說明：

Input: Length2(35), ATRlen(10)
Condition2 = (Close - (Average(Close,Length2))
　　< AvgTruRange(ATRlen(10));

解　釋：
　　輸入變數：長度2（35），ATR長度（10）；
　　條件2 ＝ （收盤－平均數（收盤，長度2））＜ 平均真實區間（ATR長度（10））；

　　關於移動平均在順勢系統內的運用，各種可能性都有，此處只提供幾個例子供讀者參考，實際運用方法幾乎只受限於想像力。

擺盪指標為基礎的交易系統

　　不論如何強調順勢交易的重要性，但有些人就是想要猜測底部或頭部。對於這些逆勢交易者，以擺盪指標為基礎的交易系統或許十分適用。如果行情處在盤整區間，在支撐與壓力之間來回遊走，最適合運用擺盪指標系統在超賣區買進，在超買區賣出，尤其是短線交易。如果你希望永遠留在市場內，也適合採用擺盪指標為基礎的交易系統。關於如何

運用擺盪指標架構電腦化系統，可能性雖然很多，但擺盪指標的最佳訊號——**價格與指標之間的背離**——卻很難編寫為電腦程式。通常背離現象都必須在走勢圖上透過視覺判斷；可是，除此之外，我們可以運用很多方式編寫擺盪指標的電腦化系統，以下準備討論一些可能性。

　　首先，讓我們討論隨機指標的例子：如果慢速K線向上穿越慢速D線，則買進。

　　Input: Length(14);
　　If Slowk(Lebgth)Crosses Above SlowD(Length) Then Buy
On Close;

　　解　　釋：
　　　輸入變數：長度（14）；
　　　如果 慢速K線（長度）向上穿越 慢速D線（長度），
　　則收盤買進；

　　另外還可以規定，當穿越訊號發生時，慢速K線與慢速D線都必須處在超賣區（適買區域）。穿越訊號發生當時，由於慢速K線必定高於慢速D線，所以只需要規定慢速D線的讀數限制：

　　Input: Length(14), BuyZone(30);
　　If Slowk(Length) > SlowD(Length) and SlowD(Length)
　　　Crosses Above BuyZone Then Buy On Close;

解　釋：

輸入變數：長度（14），適買區域（30）；

如果 慢速K線（長度）＞慢速D線（長度）而且 慢速 D線（長度）向上穿越適買區域，則收盤買進；

我們也可以利用RSI架構類似的系統：

Input: RSILen(10), BuyZone(30),
If RSI(Close, RSILen)Crosses Over BuyZone Then Buy On Close;

解　釋：

輸入變數：RSI長度（10），適買區域（30）；

如果RSI（收盤，RSI長度）向上穿越適買區域，則 收盤買進；

交易者可以根據自己的觀點設定適買區域。如果你認為 RSI只要超過50就可以買進，就可以把適買區域參數30改為 50。

如果你不希望買進訊號發生當時，行情已經明顯發動而 進入超買區，則隨機系統可以規定買進訊號發生當時的指標 讀數不得超過超買線：

Input: SellZone(70);
Condition1 = SlowD(Length) < SellZone;

解 釋：

輸入變數：適賣區域（70）；

條件1＝慢速D線（長度）＜適賣區域；

最後，我準備討論一個適用於強勁趨勢的系統。換言之，買進訊號發生當時，機指標處於超買區。雖然超買區通常不適合買進，但在不同市況下（大多頭行情），隨機指標很可能長期停留在超買區。此處的買進訊號準備採用另一個技術指標ADX（平均趨向指數）。當ADX顯示強勁的漲勢，而且隨機指標超過某讀數，則買進。

If ADX(10) > 30 And SlowD(14) > 85 Then Buy On Close;

解 釋：

如果 ADX（10）＞30，而且 慢速D線（14）＞85，則收盤買進；

我們稍後會詳細討論出場策略，但目前這個例子可能要規定，只要隨機指標讀數小於70，就結束多頭部位，因為強勁趨勢已有轉弱的跡象。同樣的，此處只討論隨機指標的少數運用例子。讀者不妨回頭翻閱第7章，或許可以得到一些架構交易系統的新點子。

根據市況進行調整

交易者必須保持彈性，根據市況調整策略。震盪劇烈的

市場，所用的交易系統通常不同於趨勢明確的行情。如果我看到市場震盪劇烈，通常都會在場外觀望，或者採用隨機指標為基礎的系統，絕對不會用移動平均系統。這種情況下，尤其會避免採用突破系統。我不會在高價附近買進，反而會在此尋找放空機會。如果市場趨勢很明確，我就會採用順勢指標，只利用擺盪指標確認趨勢，或等待折返走勢。這類市況下，我不會猜測價格頭部，只會利用擺盪指標尋找超賣區的買進機會。

　　平均趨向指數（ADX）往往可以協助你判斷市場趨勢的明確程度。如果ADX讀數低於20，你可能採用某套系統，如果ADX高於30，則採用另一套系統。

　　程式可以編寫如下：
　　If ADX(Length) > 30 Then
　　Trending Market System
　　Else;
　　If ADX(Length) < 20 Then
　　Choppy Market System
　　Else;
　　Middle Ground System

　　解　釋：
　　　如果 ADX（長度）> 30，則採用順勢系統；
　　　如果 ADX（長度）<20，則採用行情震盪系統；
　　　否則就採用中間性質系統

停損與出場

除非設定停損（停止）與出場參數，否則交易系統稱不上完整。在整個交易過程中，出場的重要性，最起碼也與進場相同。只提供進場訊號的交易系統，就像初學者第一次在陡峭的斜坡滑雪：剛開始，你覺得很快樂，但可能要撞牆才能停下來，絕對不好玩，請相信我。獲利是在出場時才結算，所以不要忽略出場的重要性。我的交易系統往往也有出場設定，但實際上大多在另一個時間架構上透過視覺方法決定出場時機。某些情況下，在出場訊號發生之前，由於沒有發生預期中的走勢，我已經決定結束部位。你沒有必要流失部分的獲利，也沒有必要被停損出場。一筆交易只要不再有效，就出場。如果稍後又出現轉機，到時候再進場，現在沒有必要冒險。

停止反轉系統或許是設定出場策略最簡單的交易系統。換言之，只要某些條件成立，預設的停止單就生效，不只結束既有部位，同時也建立反向部位。根據這類系統，你永遠會停留在市場內，或是持有多頭部位，或是持有空頭部位。可是，這種系統有一個問題，在短線使用上，你可能會逆勢操作；換言之，部位方向與市場主要趨勢不同。過去我經常採用停止反轉系統，但現在如果碰到逆勢訊號，我通常都留在場外。

停　損

我個人採用的每個系統，都採用標準化的停損。只要行

情偏離進場點達2個標準差或以上，我就認賠出場。

　　Exitlong From Entry("Buy1") at$ Close -
　　2∗Stddev(Close,10)[1] Stop;

　　　多頭部位出場　距離收盤進場（標準差（收盤，10）
　[1] 則停損；

　　　收盤進場$（$Close）是指當初進場線形的收盤價。採用
這類停損，你必須定義進場訊號。下面例子把進場訊號定義
爲：

　　If SlowK(Length) Crosses Above SlowD(Lenght) Then
Buy("Buy1") On Close;

　　　如果 慢速K線（長度）向上穿越 慢速D線（長度），
則在收盤買進

　　　停損也可以設定爲價格跌破移動平均達某個緩衝距離：

　　If Close < (Average(Close,Length1)-Buffer) Then
Exitlong("Stop1")

　　　如果 收盤 <（平均值（收盤，長度1）－緩衝），則
多頭部位出場

　　　或者當價格跌破最近五天的低點，則停損：

If Close < Lowest(Lew,5)[1] Then Exitlong("Stop2");

　　如果 收盤 <最低價（盤中低價，5）[1]，則多頭部位
出場

出　場

　　除了停止_反轉系統之外，另一種常見的出場方法，是
在特定線形數量之後出場：

If BarsSinceEntry = 10 Then Exitlong;

　　如果 進場以來線形數 = 10，則多頭部位出場

或者當隨機指標進入超買區，則出場：

If SlowD(Length) > 85 Then Exitlong At Close;

　　如果 慢速D線（長度）> 85，則多頭部位在收盤出場

或者，當行情遠離趨勢線或移動平均，則出場：

Input: SD(5), Length(35), Period(10);
If (High - Average(Close,Length)) >
　　　StdDev (Close,Period) ✳SD Then Exitlong At Close;

　　輸入變數：SD（5），長度（35），期間（10）；
　　如果（高價－平均數（收盤，長度））>標準差（收

盤，期間）*SD，則多頭部位在收盤出場；

　　一旦價格與移動平均之間的距離拉大到5個標準差，系統就產生出場訊號，因為意味著漲勢已經過度延伸，終究會拉回整理。此處只討論一些可能性，讀者應該自行測試，尋找自己最適用的交易法則。你也可以設定一組以上的出場／停損法則；只要有任何一組條件成立，就出場。

多套系統

　　你沒有必要只採用一套系統。某些人同時運用多套系統在特定股票或商品上。他們可能採用五套系統，如果每套系統都發出相同訊號，就建立五個相同部位。如果訊號彼此衝突，經過抵銷之後，可能只建立一個部位。這是相當不錯的方法，因為某些系統特別適用於震盪行情，另一些則適用於趨勢明確的市場。對於每種可能發生的市況，都有一種特別適用的系統；那麼不論市況如何，你都可以因應。如果很多系統都發出類似訊號，通常都意味著交易績效將很好。這種情況下，應該採納所有的訊號，部位規模也會擴大。

系統性交易或主觀性判斷

　　對於交易系統發出的訊號，使用者究竟應該被動接受，或者可以做主觀性的選擇或判斷，這方面的問題確實很有爭議。純粹的系統性交易者，只要系統經過妥善的測試，就會不經思索的接受每個訊號。換言之，訊號就是命令，沒有任

何討價還價的餘地。這類系統可以排除情緒干擾。採用主觀性判斷系統，使用者可能接受某些訊號，否決另一些訊號；他們把訊號當做警訊，然後自行判斷是否應該接受，尤其是當價格已經出現延伸性走勢之後。某些人運用價格型態做為交易工具，由於很難設定為電腦程式，所以系統勢必涉及很多主觀判斷；另一些人根本不採用明確的系統。總之，那些頂尖的交易者，即使完全透過主觀判斷進行交易，但還是有很明確的買進／賣出法則。

　　如果不接受系統的每個訊號，顯然會產生問題；你所否決的某個訊號，其獲利或許足以彌補最近5筆交易的虧損。所以，當使用者怪罪交易系統績效不理想時，原因可能是沒有嚴格遵循系統的指示。換言之，績效之所以不理想，使用者必須負最大責任，而不是交易系統的功能。雖然交易過程中允許使用主觀判斷，但系統性交易者不能隨著心情喜惡而任意否決訊號。如果你採用的系統經過嚴格格測試，最好就單純的系統交易者，接受系統的每個訊號，不要任意猜測，因為你無法預先知道哪些訊號有效或無效。可是，我稍早曾經提過，某些方法或價格型態不能納入電腦化系統。你或許會看到交易系統所看不到的價格型態。你很難透過電腦程式判斷當時的行情處於艾略特波浪的第幾浪，或價格是否已經滿足38.2%的折返目標。頭肩頂、碟形、旗形之類的價格型態，幾乎不可能運用TradeStation設定為電腦程式。可是，這些價格型態有些很適合進行交易。有時你知道政府即將公佈某份報告，所以準備暫時留在場外觀望。第六感也是無法透過電腦程式處理的東西。很多情況下，我會因為「覺得不對

勁」而結束部位，即使當時的行情距離停損或獲利目標還很遠。遇到一些特殊狀況或重大事件時，你或許不應該接受系統提供的訊號。舉例來說，假定價格突然大幅跳動而引發交易訊號，你是否真的願意接受大幅跳動之後的價格呢？當時價位與訊號發生價位之間，可能代表每口契約數百元的差異。這種情況下，或許應該稍安勿躁，看看有沒有其他更適合進場的機會。即使你想接受訊號，也不必急著進場。

究竟是否應該採用嚴格的系統性方法呢？這個問題恐怕沒有簡單的答案。兩種方法都可能賺錢，也都可能賠錢。可是，我們可以確認一點，如果某套方法確實有效，就不要三心兩意。

常見的錯誤

架構或尋找一套適用的系統，過程顯然不容易，經常發生一些錯誤。除了系統根本不適用之外，還有一些常見的問題。雖然下一章會更深入討論歷史測試，但此處可以先談談可能發生的問題：交易資本不充分；太快就放棄某個系統；系統不具備正數的期望報酬；交易系統經過曲線套入；交易系統沒有經過適當的歷史測試。系統的績效沒有經過適當測試，最好不要採用，因為很可能造成太多不必要損失。事實上，很多人採用的系統，完全沒有經過測試。對於一套系統，即使預先已經利用歷史資料測試，但如果還沒有以實際的資金進行測試之前，最好不要投入太多資本。剛開始，在一些價格波動相對穩定的市場做少量交易，直到你確定該系

統的績效能力之後，才以正常的資金規模進行操作。

設定交易系統的績效目標

　　某些人會不斷嘗試修改系統，但永遠都覺得不滿意。他們花太多時間編寫程式，實際運用系統的時間反而不多。如果預先設定系統的績效目標，就可以避免這方面的困擾。開始時，就應該知道自己想要什麼。如果目標很明確，也就很容易找到適用的系統。假設你希望系統的交易勝率為55%，成功交易之獲利是失敗交易之損失的兩倍或以上，每筆交易的最大損失不超過$3,000，或不超過每個月獲利的5%。在這種情況下，如果一套系統的測試績效能夠接近前述目標，就很不錯了。不要太吹毛求疵，否則永遠都無法實際進場。

系統範例

　　以下是一套運用於TradeStation的簡單系統，相關訊號都在前文中解釋過。寫在大括弧{}內的文字，只是解釋而已，不屬於系統的一部分。透過這個例子，讀者應該可以大致瞭解交易系統是如何編寫的。

　　買進訊號：價格穿越最近10期最高價，採用0.5個標準差做為濾網（標準差根據最近10期資料計算）。賣出訊號也依相同方式設定，只是方向相反。所以，進場訊號很單純，但出場訊號則採用ADX。如果走勢很強勁而趨勢明確，就繼續留在場內，直到兩條移動平均交叉為止；如果ADX很弱，系統將在10期後獲利了結；如果ADX讀數中性，則在隨機指標進入超買區之後獲利了結。最後，如果價格反向穿越進場價

格的距離到達2個標準差，則停損出場。

> Input: Length(10), BSE(10), LengthADX(10),
> SD(.5)Length1(10),Length2(35);
> 　　{*******ENTRY SIGNALS*******}

> 輸入變數：長度（10），BSE（10），ADX長度（10）
> 　標準差個數（0.5），長度1（10），長度2（35）；
> 　{*******進場訊號*******}

> If Close > Hightest(High, Lenght)[1]+
> 　StdDev(Close,10)[1]*SD Then Buy("Buy1") On Close;

> If Close > Highest(High,Length)[1] -
> 　StdDev(Close,10)[1]* SD Then Sell ("Sell1") On Close;
> {*******STOPS*******}

> 　如果 收盤價 > 最高價（盤中高價，長度）[1] + 標準
> 差（收盤價，10）[1]*標準差，
> 　則收盤買進
> 　如果 收盤價 < 最低價（盤中低價，長度）[1] + 標準
> 差（收盤價，10）[1]*標準差，

> 　則收盤賣出
> 　{*******停損訊號*******}

> ExitLong("Stop1")From Entry("Buy1") at $ Close -

```
    2*StdDev(Close,10) Stop;
ExitShort("Stop2")From Entry("Sell1") at $ Close +
    2*StdDev(Close,10) Stop;
{*******EXITS*******}
```

　　多頭部位的出場，如果價格低於進場，收盤價－2*標準差（收盤，10），則停損；

　　空頭部位的出場，如果價格高於進場收盤價+ 2*標準差（收盤，10），則停損；

```
{*******出場訊號*******}
```

```
If ADX(LengthADX)>30 Then
If Average(Close,Length1) Crosses Below
    Average(Close,Length2) Then ExitLong ("ExitL1);
If Average(Close,Length1) Crosses Above
    Average(Close,Length2) Then ExitShort ("ExitS1);
        Else
        If ADX(LengthADX) < 20 Then
        If BarsSinceEntry=BSE Then
        ExitLong("ExitS2");
        If BarsSinceEntry=BSE then
        ExitLong("ExitS2");

Else
        If SlowD(14) > 85 Then
        ExitLong("ExitL3");
```

```
If SlowD(14) > 15 Then
   ExitLong("ExitS3");
```
　　如果 ADX（ADX長度）> 30，則
　　　如果 平均數（收盤，長度1）向下穿越 平均數（收盤，長度2），則多頭部位出場
　　　如果 平均數（收盤，長度1）向上穿越 平均數（收盤，長度2），則空頭部位出場

　　其他
　　如果 ADX（ADX長度）< 20，則
　　如果 進場後期數 = BSE，則多頭部位出場
　　如果 進場後期數 = BSE，則空頭部位出場

　　其他
　　如果 慢速D線（14）> 85，則多頭部位出場
　　如果 慢速D線（14）> 15，則空頭部位出場

成為最佳交易者

　　如果想成為最佳交易者，就需要採用某種交易系統。不論是電腦化系統，或在走勢圖上利用視覺判斷，也不論結構單純或複雜，你都必須採用某種經過驗證的交易系統。除非你能夠不斷複製相同的決策，否則交易不只很可能會失敗，甚至弄不清楚自己究竟是怎麼失敗的。如果採用交易系統而不能賺錢，只有兩種可能結果：系統不夠好，或者你沒有嚴格遵守系統指示。如果你發現自己不能嚴格遵守系統訊號，

就需要尋找其他更適合自己交易風格的系統。如果系統不夠好，就必須想辦法解決，或針對其缺失而尋找其他系統。交易系統使用之前，務必利用過去的價格資料進行測試。不採用交易系統的最大問題，就是你可能不知道自己究竟爲何發生虧損，因爲交易可能沒有明確的理由或動機。

即使採用電腦化系統，仍然可能運用某些主觀判斷，因爲有效的策略未必都能設定爲電腦程式。某些情況下，你可能覺得不對勁，在出場訊號發生之前就想出場；只要你不至於過早了結獲利部位，或經常發生這類情況，就沒有問題。大體上來說，對於一套有效的系統，你應該儘可能採納所有訊號，因爲你無法預先知道哪些訊號有效、哪些無效。

除了進場訊號之外，交易系統也必須提供出場與停損訊號，即使你採用心理停損而沒有設定在電腦程式內，那也沒有問題，只要你以一貫的態度執行停損，使該停損成爲系統的一部分。預先設定出場點，可以減緩交易壓力，不需擔心自己太早或太晚出場；完全由交易系統來操心。

建構與測試交易系統，是一項大工程，但如果你想要成爲最佳交易者，就必須花點心思在這方面，因爲這是提升交易勝算的必要條件。

採用交易系統爲何還會發生虧損？

1. 太早放棄系統。
2. 忽略佣金與滑移價差。

3. 缺乏嚴格遵守訊號的紀律。

4. 對於訊號不能果斷反應。

5. 相信一些不確實的假設性結論。

6. 系統不符合使用者的交易風格。

7. 系統的操作方式，超過使用者的資金規模或其他條件。

8. 系統沒有經過適當的測試。

9. 系統採用太多變數與條件。

10. 系統經過曲線套入。

11. 不能把握「保持單純」的原則。

12. 系統不夠好。

高勝算的系統性交易：

1. 只採用獲利期望值爲正數的交易系統。

2. 瞭解如何測試系統。

3. 系統最好能夠適用於各種不同市場。

4. 交易法則必須很清楚。

5. 出場的重要性，不下於進場。

6. 交易系統必須考慮停損。

7. 系統績效很穩定。

8. 保持單純。

9. 在較長期時間架構上採用另一套系統，做爲警訊，並監督停損位置。

10. 在較短期時間架構上採用另一套系統，用以精確拿捏進、出場位置。

11. 系統的最大損失不要太大。

12. 瞭解自己最多能夠承受多少損失。

13. 利用不同系統的訊號進行確認。

14. 必要情況下，可以利用主觀判斷。

15. 如果你想成為真正的系統性交易者，就應該採納每個訊號。

值得提醒自己的一些問題：

1. 我是否真的擁有一套系統？

2. 我的系統是什麼？

3. 我的交易系統是否太複雜？

4. 我的交易系統是否考慮停損與出場？

5. 我的交易系統是否經過適當的歷史資料測試？

6. 我是否真的信賴這套系統？

7. 對於系統提供的訊號，我是否經常三心兩意？

第 13 章

系統測試概論

當你編寫一套自以爲適用的系統之後，不要認爲這就可以等著發財了。沒有那麼簡單。除非你「知道」一套系統應該有用，否則毫無意義。你準備採用的交易策略是否有用，可以經由多種方式進行測試。你可以直接拿到市場上「眞刀眞槍」的進行測試；可是，萬一測試不成功，結果恐怕傷痕累累。你也可以先進行紙上模擬測試。然而，最有效的方法，就是利用歷史資料進行測試。換言之，針對你準備進行交易的市場，採用某段時間的價格資料，測試交易系統的操作績效。幾年前，這類測試的程序非常繁瑣，因爲所有的工作都必須仰賴人工；現在的情況不同了，我們擁有高速的電腦，某些軟體也具備歷史測試功能。

為何要進行歷史測試？

利用過去的資料進行測試，可以讓使用者瞭解交易系統實際運用上可能遇到的狀況，以及大體的績效。不要相信某套系統的性能絕無問題，完全不需測試。一套系統如果不適

用於過去的市況，就沒有理由相信它能適用於未來。換言之，在拿自己的資金冒險之前，多少應該瞭解交易系統的可能表現。測試過程中，如果發現系統只能勉強持平，或甚至虧損，趕快放棄，避免除了時間之外，又造成其他損失。

　　請注意，歷史測試不能告訴你系統的未來績效。一套系統在測試過程中，即使表現完美，也不能保證實際運用上不會發生嚴重虧損。可是，只要經過適當的測試，你就瞭解系統可能發生的最大連續虧損程度，或許是連續兩個月發生10筆虧損交易，最大損失超過$10,000。如果過去發生這類的情況，就沒有理由相信將來不會重複發生。知道一套系統的最糟可能情節，可以避免實際運用時才發現自己的資本無法承受或交易風格不願承受這類損失，結果被迫中途放棄一套原本可以成功的系統。交易系統確實可能發生連續損失，這是很正常的現象，所以務必瞭解連續虧損的嚴重程度。

歷史測試經常發生的錯誤

　　進一步討論歷史測試方法之前，我想先花點時間說明測試過程應該避免的一些常見錯誤。有時避免發生錯誤反而是學習正確方法的捷徑。如果能夠避免錯誤，所作所為自然就會正確。舉例來說，我的蘇菲貓並不知道只能在某個柱子上磨爪子，但經由學習而知道牠不能在沙發、窗簾、地毯、家具或我的腳上磨爪子。於是，牠能夠選擇的地方被侷限到一處。現在，我只要能夠想辦法讓牠瞭解，早上5點並不是舔我的臉、說早安的適當時間，那麼一切就都沒有問題了。說

明一些不該出現的錯誤之後，稍後也會解釋正確的做法，不過現在先談一些壞習慣。

不知如何評估測試結果

歷史測試完成之後，最常見的錯誤就是不知如何評估測試結果。除非能夠有效評估，否則根本無法判斷系統的功能。某些人特別重視測試紀錄中的最高淨報酬或最高勝率，但只要系統的最大連續虧損過高，前述數據就沒有太大意義了。評估過程必須綜合考慮一些東西，例如：交易筆數、每筆交易的平均獲利、連續發生虧損的交易筆數、最大單筆虧損、最大單筆獲利、平均交易筆數、報酬分配狀況等。唯有綜合考慮這些因素，才能判斷一套交易系統是否適用，或判斷該系統相對於其他系統的操作績效。

曲線套入與過度最佳化

評估系統的績效，需要考慮的一項重要因素，那就是測試結果是否經過曲線套入。何謂**曲線套入**（curve fitting）？簡單說，**就是根據資料狀況來設定系統策略**。這是交易系統建構與測試過程都可能發生的問題。如果你發現價格資料呈現明顯的趨勢，然後才建構一套買進／持有的系統，這就是曲線套入。建構系統的過程中，交易者可能特別留意走勢圖上適用其預定策略的資料，但有意無意之間卻忽略其他不適用的資料。如此建構的系統，很可能只適用於某類市況；如果沒有採用其他歷史資料進行測試，這套系統顯然不該被採

用。**過度最佳化**（overoptimization）則是另一個問題。系統建構過程中，如果對於參數設定非常吹毛求疵，就可能發生過度最佳化的問題。舉例來說，一套由兩條移動平均構成的穿越系統，建構者可能會測試所有可能的均線組合，然後挑選一組績效最佳者。這類系統未必實用，就如同溫室中精心栽培的花朵，通常都禁不起殘酷環境的考驗。所以，測試過程中，不要為了取得較好的測試績效而不斷調整系統參數，因為這類系統通常都不適用於未來。

不質疑系統

　　不質疑系統的測試結果，這也是錯誤心態。某些交易者看到不錯的測試紀錄，就覺得很滿意了。事實上，使用者應該嘗試尋找系統的毛病或異常之處，觀察是否有曲線套入之嫌，因為事前瞭解這方面的問題，總比實際遇上的好。系統的測試績效很好，可能只是由一、兩筆交易造成。如果遇上不同的市況，這套系統還能發揮測試過程的績效嗎？測試過程對於滑移價差的假設是否合理？測試過程的交易樣本數量是否足夠？如果你不嘗試質疑系統的績效與缺失，實際運用上可能遇到不必要的麻煩。對於一套看起來似乎沒用的系統，不妨也抱著這種心態，研究其問題所在，看看自己是否能夠進行修改。檢討一些沒有效的策略，也可以提升交易知識。任何假說或理論，都需要進一步研究與質疑，才知道是否能夠成立。

測試資料或市況不足

　　資料不足是測試的另一種常見錯誤。測試交易筆數至少

必須是30筆，唯有如此，測試結果在統計上才可以被接受。
如果資料太少，很難判斷測試結果究竟是偶然因素造成，或
交易策略確實有效。如果某套系統在測試過程只發出6個訊
號，即使其中5個訊號都成功，還是不能歸納出任何統計結
論。這很可能代表嚴重連續虧損之後的連續獲利。如果樣本
數超過30個，就可以就交易系統做成統計上有效的結論；換
言之，測試結果不能完全由「巧合」或「運氣」解釋。另
外，測試過程採用的歷史資料，應該要充分反映實際的市
況，涵蓋各種可能發生的情形，不能單挑該交易策略最適用
的行情。你需要知道該系統在上升趨勢、下降趨勢、區間盤
整、波動劇烈、牛皮走勢等各種市況的表現。交易系統也應
該在不同市場進行測試。如果某套交易策略確實有效，那就
應該普遍適用於整個金融市場。

　　採用盤中資料進行測試，不要只取幾個月的資料；期間
最好拉長到幾年。最初可以採用一年的資料，但一年期間不
夠長，不能做成真正結論。很多系統經常有傑出的一年表
現，但三年的績效就慘不忍睹了。取得盤中價格資料的成本
不低，測試過程也很耗費時間，因為你必須個別測試每種期
貨契約，可是，金融交易原本就不便宜、也不簡單；唯有投
入時間、精神與資金，才可能取得好結果。

缺少外部樣本

　　測試的價格資料不足，也會造成沒有外部樣本可供運用
的問題。交易系統的測試過程中，我們通常會把價格資料分
為兩部分，一部分用來調整交易策略或設定參數，另一部分

則用來做真正的測試。對於一套完整的交易策略，最後測試應該採用嶄新的資料。交易系統通常都會針對特定資料進行套入與最佳化，若就這段價格資料的測試績效觀察，看起來當然很不錯，但畢竟還沒有用新資料做最後測試。請注意，如果價格資料曾經用來調整策略或參數，通常績效都很好，但重點是該系統在全然「陌生」環境下的表現——這也是外部樣本的功能。挑選一些最能代表交易實況的價格資料，做為外部樣本，測試交易系統的表現。

忽略佣金成本與滑移價差

交易系統測試過程中，使用者往往會忽略佣金與滑移價差。所以，測試結果可能很好，但實際運用時卻發生虧損，因為測試過程沒有考慮佣金費用與滑移價差。關於這些費用，估計必須切合實際，否則到時候會讓你大吃一驚。每筆交易都要佣金，經常也會出現滑移價差，所以測試過程就應該考慮這類成本。一些短線玩家對於滑移價差的估計經常不足，他們往往認為交易會撮合在訊號發生的價位。事實上，當我利用市價單買賣股票時，成交價格經常較預期水準差30美分以上。就我個人的經驗來說，當市場發生特殊狀況（例如：聯邦準備銀行突然宣布調整利率），數支股票曾經同時出現每股$5或更多的滑移價差。所以，紙上模擬操作的表現可能很好，但實際交易卻只能是小輸或小贏，一些看起來不錯的交易系統，考慮佣金與滑移價差之後，卻是以虧錢收場。千萬不要忘了這些必然發生的成本，否則任何測試結果都不準。

歷史測試程序

曲線套入

　　我準備先討論曲線套入的主題，然後討論最佳化程序。稍早，我提到曲線套入就是利用資料匹配系統。經過曲線套入之後，系統對於特定期間的特定資料，績效看起來很好。舉例來說，在走勢圖上看到某段期間的價格在特定區間內來回游走，你可以針對這種行情，架構一套交易系統，使其操作績效特別傑出。你也可以編寫一個濾網，讓你剛好在市場崩盤之前進場放空。操作績效顯然很好，但不是真的。在市場下次大跌之前，該系統還會發出類似的放空訊號嗎？你可以不斷調整，使得交易系統與資料之間完全吻合，但問題是這套系統是專為這些資料而設計，恐怕不能適用於其他資料。不論是哪段期間的資料，只要你願意，都可以設計報酬率高達2000%的交易系統，但該系統對於未來行情完全無用武之地。就交易者的立場來說，你所關心的是系統未來運用的績效，而不是歷史測試結果。這也正是我稍早所說的，一套看起來不錯的系統，何以必須採用嶄新資料進行測試的理由。唯有採用不同於系統編寫過程與最佳化過程的資料，才屬於真正的測試。如果採用曲線套入過程的資料進行測試，系統績效當然很好，但未必適用於未來。一般來說，系統結構愈複雜、交易方法愈繁瑣、測試績效太理想，曲線套入的程度就愈嚴重。

最佳化程序

最佳化程序是針對特定期間的資料，不斷修正參數與指標，藉以提升系統的績效。如果採用移動平均，使用者將不斷調整移動平均的長度，藉以促進操作績效。決定移動平均長度之後，可能繼續進行最佳化，希望找到某種突破濾網，使得績效能夠更進一步提升。總之，系統使用者可以一直調整參數與指標，讓系統績效有所提升。如果採用TradeStation，這套軟體可以幫你進行最佳化。只要幾秒鐘的時間，TradeStation就可以告訴你任何指標在某特定期間內的最佳參數值。表面上看起來，似乎是很不錯的功能，但很容易讓你誤解系統的真正績效。

最佳化的目的，在於提升交易系統的獲利能力，但——千萬注意——不要做得太過火了。系統概念只要大體上正確，參數值究竟如何設定，並不太重要。最佳化過程，是希望找到一段看起來最好的參數值。舉例來說，對於一套穿越近期最高價的突破系統，你希望找到最適用的回顧期間。你發現回顧期間愈長，訊號的獲利能力愈強，但回顧期間超過20期之後，就沒有明顯改善了。所以，你知道，系統的回顧期間應該設定為20左右，至少不應該是5期。想要找到某個單一的最佳數據，這是無意義，因為資料不同，最佳數據就不同。

就我個人而言，在最佳化過程中，我希望找到績效最佳、而且普遍適用的一些參數值，然後取其平均數做為實際運用的數據。舉例來說，如果12、14與17期移動平均的效果

最好，我很可能會採用14期或15期。如果12、14與17期的效果很好，但15期或16期的效果不好，意味著系統顯然有問題，否則不應該發生這種現象。對於一套真正好的移動平均系統，不論選擇5期、7期、10期或15期，結果都不應該差太多。對於某組資料，如果14期的績效最好，這並不會吸引我特別注意——因為，我要找的是大體上有效的操作概念或方法，不是某個績效最佳的參數值。如果某個交易系統只能採用一、兩個參數值，這套系統應該不可靠，很可能經過曲線套入。

透過最佳化程序，使用者可以判斷交易系統是否適用各種不同的參數值，或只適用特定參數值。市場具有隨機性質，某種適用於過去的參數值，是否也會適用於未來呢？如果突破系統的某個緩衝濾網，曾經有效避開隨機走勢引發的突破，這個案例是否反映該濾網的真實功能呢？看著某份走勢圖，某些人可能會挑選一個當時最適用的濾網。可是如果採用其他的參數值，這個濾網是否仍然繼續有效？這個濾網是否也適用於其他資料？採用不同期間的資料進行測試，甚至採用其他時間架構的資料，藉以反映不同的觀察角度。如果你對於整體結果很滿意，就可以採用外部資料進行測試。對於一套有效的系統，外部資料的測試結果應該大致相同。

外部樣本

採用外部樣本測試系統的功能，這可能是歷史測試程序最重要的部分。實際採用某套交易系統之前，絕對需要運用嶄新的資料測試該系統；**所謂「嶄新」，是指系統建構與最**

佳化過程所使用之外的資料。在系統建構、測試與最佳化過程中，某些人會同樣採用所有可供運用的資料，這是初學者的常見錯誤。如果手上只有三年的資料，就直接利用這三年的資料設定參數值，不知道還要留一些外部樣本。如果總共只有三年的資料，那麼就只採用兩年的資料，保留最後一年的資料不動，甚至不要看到相關的走勢圖，要假裝最後一年的資料還沒有發生，因爲你不希望系統建構或最佳化過程受到外部樣本的影響。唯有當你對於交易系統已經覺得很滿意了，才利用最後一年的資料進行測試。請注意，外部樣本至少必須能夠產生30個或以上的訊號，否則測試結果不具統計意義。如果系統確實有效，外部樣本的測試表現應該差不多；如果測試結果不夠理想，就應該改變系統的基本構想，絕對不只是修改參數值而已。外部樣本是供你判斷交易系統的效力，不是用來進行最佳化，否則根本不需保留外部樣本。我喜歡觀察外部樣本的走勢圖，進一步確認交易系統確實具備應有的功能。可是，如果你仍想調整交易系統，絕對不要受到外部樣本的影響。

外部樣本可以模擬眞實世界，嶄新的資料可以避免系統過度最佳化。經過最佳化之後，由於系統參數還沒有碰到新資料，透過外部樣本的測試，我們希望知道系統之所以有效，不是因爲經過曲線套入，而是因爲系統本身的功能。

資料運用

首先必須確定資料夠用。針對六個月的資料進行測試，沒有太大意義，因爲六個月內可能發生任何古怪的事，足以

扭曲整個測試結果。而且交易筆數至少必須30個，否則測試結果不具統計意義。交易筆數愈多，測試結果愈可靠。如果交易筆數不夠，只要一、兩個極端交易就可能影響測試結果，使得一套平庸的系統看起來非常傑出。你也希望知道交易系統在不同市況下的表現，所以要準備充分的相關資料。

最理想的情況，是把相關資料分為三等份。系統建構過程，使用第一部分的資料。系統初步建構完成之後，利用第二部分資料進行最佳化與相關調整。唯有當交易系統已經完成，才利用第三部分資料進行測試。另一種可能性，是採用中間三分之二的資料進行系統的建構與最佳化，然後把最初六分之一與最後六分之一資料視為外部樣本，供最後測試之用。不論採用哪種方法，系統建構過程使用的資料期間，最好等於外部樣本期間，才能確定系統績效在期間具穩定性。

請注意：不同資料不要來自相同類型的市況。外部樣本最好包括不同市況、不同股票、不同時間架構的資料。如果採用IBM資料建構交易系統，不妨利用思科、美林、英特爾、威瑪百貨、道瓊工業指數、S&P 500指數進行測試。如果測試結果很好，該系統應該普遍適用於每支股票，不只是IBM而已。總之，資料必須涵蓋各種不同市場與市況。如果利用某10支股票的資料進行測試，它們就不應該呈現相同的價格型態；某些股票應該呈現漲勢，某些呈現跌勢，另一些則是橫向走勢，才能有效模擬該系統將來碰到的真實環境。

系統效力評估

　　現在，讓我們考慮歷史測試最嚴肅的課題：如何評估測試結果？如何判斷某個交易系統確實是一套好系統？交易系統的期望報酬率，顯然必須是正數，否則就不具勝算。圖13-1與13-2是TradeStation評估其內部系統的績效報告，格式頗具參考價值。雖然這兩套系統都獲利，但第二套MACD系統的表現較好，不只因為其獲利能力較強，而且還因為它具有很多可取的條件（稍後詳細解釋）。此處故意忽略滑移價差與佣金成本，稍後將討論這兩個因素對於操作績效影響的重大程度。

System Report: Performance Summary

Stochastic Crossover SP_01U.ASC-30 min 06/01/2001 - 08/31/2001

Performance Summary: All Trades

Total net profit	$ 7025.00	Open position P/L	$ 625.00
Gross profit	$111600.00	Gross loss	$-104575.00
Total # of trades	182	Percent profitable	41%
Number winning trades	74	Number losing trades	108
Largest winning trade	$ 7000.00	Largest losing trade	$ -3500.00
Average winning trade	$ 1508.11	Average losing trade	$ -968.29
Ratio avg win/avg loss	1.56	Avg trade(win & loss)	$ 38.60
Max consec. winners	6	Max consec. losers	8
Avg # bars in winners	8	Avg # bars in losers	3
Max intraday drawdown	$ -18525.00		
Profit factor	1.07	Max # contracts held	1
Account size required	$ 18525.00	Return on account	38%

圖13-1 隨機指標穿越系統（系統 1）的測試結果。

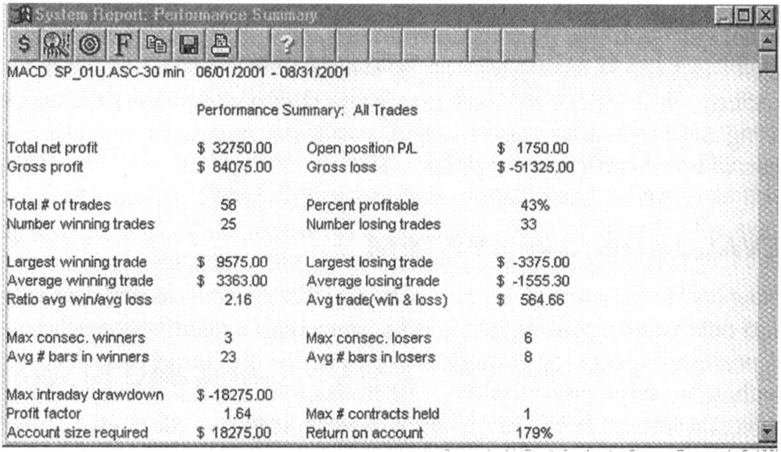

圖13-2 MACD指標穿越系統（系統2）的測試結果。

獲利能力（淨獲利總額）

　　淨獲利總額代表系統最重要的操作成績：是否能夠賺錢？這兩個例子都賺錢，淨獲利分別為$7,025與$32,750。如果測試結果為負數，系統就必須從新設計，因為你不能期待該系統在實際運用上能夠賺錢。評估交易系統的測試績效時，每個人幾乎都會先注意淨獲利總額，但其本身未必能完全反映系統績效。當然，每個人都希望系統能夠獲利，而不是發生虧損，但除此之外，你還希望知道系統總共出現多少交易筆數，盈虧波動程度多大、最大連續虧損有多少、每筆交易平均獲利多少等問題。舉例來說，如果兩套系統的測試結果分別為獲利$5萬與$1萬，雖然多數人都會挑選獲利第一套系統（獲利$5萬），但第二套系統（獲利$1萬）可能才是較好的系統。第一套系統可能每年出現1,000筆交易，最大連

續虧損為$35,000，每個月的盈虧金額波動很大，有時大賺，有時大賠。第二套系統一年才發出50個交易訊號，最大連續虧損只有$3,000，每個月的獲利都很穩定。若是如此，第二套系統顯然是較好的系統，因為績效非常穩定，雖然總獲利較少。當然，其中涉及一些主觀判斷：有些人比較重視獲利潛能，另一些人較重視獲利穩定性與安全性。精明的玩家多數屬於後者。

　　單純採用淨獲利總額來評估系統績效，恐怕不太恰當。請參考圖13-1的隨機指標穿越系統。乍看之下，這套系統似乎還不錯，最初三個月獲利超過$7,000，但稍微深入觀察，就可以發現這並不是真正的好系統。

總交易筆數

　　如果兩套交易系統的其他表現大致相同，總交易筆數少的系統通常較好，因為交易筆數愈少，愈不容易受到佣金費用與滑移價差的不利影響。系統的訊號數量少，某些使用者或許會覺得無聊，但只要績效相同，訊號數量愈少愈好。就圖13-1與13-2的兩套系統比較，系統1的淨獲利較少，而且交易筆數較多；換言之，系統1工作得較辛苦，而且報酬較少。雖然訊號數量愈少愈好，但測試過程至少要有30筆交易，否則測試結果不具統計意義（換言之，測試結果的巧合成分太高）。如果交易筆數不滿30，就必須取更多資料。

獲利交易百分率

　　此數據幾乎沒有任何意義，但很多人對此特別有興趣。

多數頂尖玩家的交易成功比率只有50%，但一般人卻認為50%幾乎就等於失敗。學校的考試都要60分才及格，所以，如果獲利交易筆數和虧損交易筆數的比率只有40%，大家就直覺認定這代表失敗。可是，不妨想想棒球的打擊率，4成打擊率就算得上頂尖水準了。我不太重視獲利交易百分率，但有些人對於40%以下的數據，似乎就覺得不安穩。系統勝率究竟是30%、40%或60%，事實上並不重要；重要的是獲利交易與虧損交易之間的平均盈虧程度和關係。只要配合適當的風險管理技巧，一套勝率只有30%的系統，交易績效應該就不錯了。圖13-1與13-2的兩套系統，勝率都是40%出頭，這也是一般系統的典型水準。

最大單筆獲利與最大單筆虧損

這是我非常重視的數據之一。首先，我會觀察系統的獲利，是否來自於特定一、兩筆交易。以系統1為例，總獲利為$7,025，最大單筆獲利為$7,000。所以，扣掉這筆最大獲利交易之後，剩下182筆交易的總獲利只有$25，似乎不容易令人滿意。對於任何一套系統，如果剔除獲利最好的一、兩筆交易之後，績效就明顯受到影響，系統效力恐怕就不甚可靠了。另外，最大單筆虧損不應該超過獲利。如果你想成功，虧損絕對不能超過獲利。如果最大單筆虧損的金額太大，就必須重新考慮出場與停損策略。最大單筆獲利與最大單筆虧損之間的比率，至少要維持2：1或3：1的水準，但如果系統的其他性質很吸引人，1.5：1的比率也可以勉強接受。獲利交易平均獲利與虧損交易平均虧損之間的比率，也應該維持類似的關係，如果前者少於後者，我絕對不考慮使

用該系統。我個人認爲獲利部位的持有期間應該超過虧損部位，所以我也很重視系統獲利部位與虧損部位的平均持有期數，藉以確定該系統是否符合自己的交易風格。

連續虧損筆數

交易連續發生虧損的情況如何？很多交易者不能接受系統連續發生10筆虧損，這可能讓該系統根本沒有機會發揮功能。所以，你應該知道系統可能連續發生幾筆虧損交易，然後才能決定該系統是否符合自己的交易風格。瞭解這項數據，至少可以作爲參考；萬一實際操作碰到連續虧損的情況，只要在正常範圍內，就不需太過緊張。如果不事先知道連續虧損的可能狀況，很可能會讓你反應過度。

對於最糟狀況應該要有心理準備

我曾經花幾個月的時間，編寫一套專門從事S&P當日沖銷交易的系統。經過歷史測試與數度修改，直到我認爲完美的程度。這套系統畢竟還是有些缺點，因爲連續發生虧損的筆數有些偏高，但我不認爲一開始就需要擔心這方面的問題。由於系統勝率明顯較高，所以獲利應該沒有問題。我相信自己可以從一開始就獲利，所以等到連續虧損發生時，應該不至於構成嚴重傷害。我想讀者應該猜得到，我們從一開始就遇到連續虧損。我記得，最初8筆交易都失敗，使得我和同伴馬上累積$12,000的赤字，而且完全沒有心理準備。我們被迫放棄該系統；可是，就在放棄之後，次一筆交易就大有斬獲。事實上，隨後幾筆交易就足以彌補先前的所有虧損。教

訓？務必要事先瞭解系統的最大連續虧損狀況，確定自
己忍受得了。

每筆交易平均獲利

當我們比較兩套系統或修改系統時，這是最重要的觀察
數據之一。這項數據反映系統每筆交易的獲利期望值；換言
之，若採用這套系統，每筆交易平均可以賺多少錢（或賠多
少錢）。系統1的每筆交易平均獲利為$38.60（沒有考慮佣
金），系統2則是$564.66。我想不需要是天才就可以知道，系
統2的平均獲利能力較強。如果這項數據是負值，該系統根
本不值得考慮；這點應該很清楚。可是，即使這項數據是正
值，但只要水準不夠高，或許也不值得考慮。至於這項數據
究竟多高才可接受，每個人都有自己的偏好與觀點。

最大連續虧損

最大連續虧損，是評估交易系統績效的最重要考量因素
之一。最大連續虧損告訴你，運用特定交易系統於某市場，
你需要準備多少資金（換言之，最糟情況下，該系統可能發
生多少損失），而且也讓你知道系統的風險程度。瞭解這項
數據之後，就知道某市場或某股票的交易，需要準備多少資
本。某套交易系統看起來或許不錯，但經過適當測試之後，
你可能發現該系統在某段期間曾經發生$25,000的虧損。不要
認定自己不會那麼倒楣；這種事經常會發生，而且總是發生
在最不巧的時候。除非你能夠忍受兩倍程度的最大連續虧
損，否則就不應該運用該系統。

　　對於嫌惡風險的交易者，最大連續虧損可能是最重要的系統評估數據。如果你覺得難以消受，就應該放棄該系統，或做必要的修正。在金融交易活動中，資金管理扮演關鍵性的角色，交易的每個層面都少不了這方面的考量。如果兩套系統的其他方面都類似，最大連續虧損愈小的系統，風險也愈小。如果風險太高，就避免使用。

獲利因子

　　獲利因子就是總獲利除以總虧損，代表每塊錢損失可以換取的獲利金額。如果獲利因子為1，系統只是持平而已。為了安全起見，獲利因子至少應該是1.5。如果獲利因子超過2，你就擁有一套很好的系統。系統1的獲利因子只是勉強超過1，所以應該避免使用。系統2的獲利因子為1.64，算是不錯的，適合運用於交易。

報酬分配

　　最後，你必須瞭解系統的績效波動程度如何。系統是否能夠提供非常穩定的獲利，或者帳戶淨值經常會大幅波動？如果資料夠多，應該觀察月份績效是否穩定；盤中交易系統不妨觀察每天的績效。系統的績效愈穩定，獲利變異數（variance）就愈小。如果獲利標準差太大，最大連續虧損通常會偏高，這類系統恐怕就不適用。如果有太多交易或單日／月份報酬落在2個標準差之外，系統績效就不穩定。當然，績效愈穩定，系統也愈可靠。TradeStation可以顯示月份或單日報酬的統計分配，讓你瞭解系統的績效概況。專業交易者應該想辦法提高系統報酬的穩定性，雖然並不簡單。

佣金與滑移價差

佣金與滑移價差實在是很傷感情的話題，但經常是系統或交易者的成敗關鍵所在。交易方法或風格必須考慮的最大問題，就是每筆交易——不論盈虧——都會發生的成本。這是交易者無法逃避的負擔，系統設計上應該妥善考慮，否則系統運用就會顯得不切實際。**最明顯的交易成本莫過於佣金，其次就是滑移價差**，後者也是交易者經常會忽略（或故意忘記）的項目。大體而言，滑移價差就是實際買價高於（或實際賣價低於）預期水準的差額。滑移價差發生的原因，大致上有兩種：一是市場價格變動迅速，使得最近成交價格（通常也是交易者預期的成交價格）與真正行情之間完全脫節；另一是買、賣報價之間的差價拉得很開。理想情況下，交易者希望按照買進報價買進，或按照賣出報價賣出。不幸的，實際情況通常都剛好相反，使得一筆交易在起跑點上就先吃虧。以單筆交易來看，佣金與滑移價差看起來非常不起眼，但長期累積的結果就很可怕了，甚至成為交易盈虧的關鍵。

系統設計過程中，務必考慮所有相關的成本，否則看似不錯的系統，實際運用卻會發生虧損。讓我們回頭考慮圖13-1與13-2的系統，假設來回一趟的佣金為\$15，每筆交易的滑移價差為\$100。這些費用算不上高，但系統績效卻因此發生重大變化（請參考圖13-3與13-4）。系統1轉盈為虧，由原本獲利\$7,025，變成虧損\$14,000，系統2的獲利則由原來的\$32,000巨幅下降為\$26,515。所以，考慮交易成本之後，系

System Report: Performance Summary

Stochastic Crossover SP_01U.ASC-30 min 06/01/2001 - 08/31/2001

Performance Summary: All Trades

Total net profit	$ -13905.00	Open position P/L	$ 625.00
Gross profit	$ 103520.00	Gross loss	$-117425.00
Total # of trades	182	Percent profitable	37%
Number winning trades	67	Number losing trades	115
Largest winning trade	$ 6885.00	Largest losing trade	$ -3615.00
Average winning trade	$ 1545.07	Average losing trade	$ -1021.09
Ratio avg win/avg loss	1.51	Avg trade(win & loss)	$ -76.40
Max consec. winners	6	Max consec. losers	8
Avg # bars in winners	8	Avg # bars in losers	3
Max intraday drawdown	$ -29215.00		
Profit factor	0.88	Max # contracts held	1
Account size required	$ 29215.00	Return on account	-48%

圖13-3 系統1：考慮交易成本之後的測試結果。

System Report: Performance Summary

MACD SP_01U.ASC-30 min 06/01/2001 - 08/31/2001

Performance Summary: All Trades

Total net profit	$ 26515.00	Open position P/L	$ 1750.00
Gross profit	$ 81387.50	Gross loss	$ -54872.50
Total # of trades	58	Percent profitable	43%
Number winning trades	25	Number losing trades	33
Largest winning trade	$ 9467.50	Largest losing trade	$ -3482.50
Average winning trade	$ 3255.50	Average losing trade	$ -1662.80
Ratio avg win/avg loss	1.96	Avg trade(win & loss)	$ 457.16
Max consec. winners	3	Max consec. losers	6
Avg # bars in winners	23	Avg # bars in losers	8
Max intraday drawdown	$ -20102.50		
Profit factor	1.48	Max # contracts held	1
Account size required	$ 20102.50	Return on account	132%

圖13-4 系統2：考慮交易成本之後的測試結果。

統2還有不錯的績效，各項測試數值仍然可取，但系統1就慘不忍睹了，絕對不適合採用。系統1的最大關鍵問題，在於交易筆數太多，這也是一般短線系統的普遍缺失。

成為最佳交易者

　　如果想成為最佳交易者，任何想法或系統在實際運用之前，絕對必須用歷史資料進行測試。不先進行測試，就不知道系統是否有問題、結構是否健全。如果系統不具備獲利能力，你當然不希望在實際交易過程中才發現。所以，最好還是花點時間先進行測試。統計上有效的測試，至少必須有30筆交易樣本，而且要涵蓋各種市況。測試不能只採用趨勢明確的價格資料，因為你不確定交易系統將來是否會遇上橫向走勢。總之，考慮的市況不夠完整，測試結果就不可靠，甚至有曲線套入之嫌。

　　系統建構與最佳化過程，應該分別採用兩組不同的價格資料，才能避免曲線套入。當系統建構完成，而且參數值也設定妥當，最後測試務必使用稍早完全沒有用過的資料，最好還能涵蓋各種市況，資料足夠提供三十個交易樣本。系統的建構、最佳化與測試，如果完全採用相同一組資料，將是最致命的錯誤。某組資料用來設定最佳參數值，然後又用相同資料進行測試，績效當然很好，但絕對不能反映將來實際運用的表現。請記住一點，**交易系統的測試績效不論多好，都不能保證將來萬無一失，因為市況永遠會變化**。對於測試結果感到滿意之後，或許應該在走勢圖上，透過目視觀察訊

號發生的位置，感受一下系統的運作。另外，關於系統測試，必須特別注意整體結果是否受到一、兩筆交易的重大影響。通常我們都希望採用績效穩定、可靠的系統。很多系統的最後結果雖然相似，但過程可能迥然不同；有些系統的表現起伏很大，獲利不穩定。

完成歷史測試之後，必須評估測試結果，比較不同系統之間的績效。整體獲利金額與勝率的重要性，顯然不如每筆交易平均獲利與獲利因子。特別留意最大連續虧損的金額：你是否承受得了？不要假定最大連續虧損不會馬上發生，因為這種可能性畢竟是存在的。關於系統的獲利能力，務必要考慮佣金與滑移價差，否則測試數據恐怕沒有太大意義。

系統測試過程要有耐心，不要覺得不耐煩或太懶，因為可能影響你的交易績效。最後，務必記住，除非系統經過適當的測試，否則不要輕易採用。

歷史資料測試的常見錯誤：
1. 沒有進行歷史資料測試。
2. 不知道系統究竟是否能夠賺錢。
3. 系統或方法還沒有進行測試之前，就用於實際交易。
4. 不知如何評估測試結果。
5. 完全不懷疑系統的績效與測試結果。
6. 過度重視系統的勝率。
7. 過度重視系統總獲利。
8. 忽略最大連續虧損。

9. 過度強調曲線套入。

10. 太過於重視最佳化程序。

11. 測試資料不足，或不能充分反映市況。

12. 沒有適當的外部樣本。

13. 用於測試的市場不夠多。

14. 系統測試忽略佣金與滑移價差。

儘量發揮歷史資料測試的功能：

1. 採用具備測試功能的軟體。

2. 絕對不採用不適用的策略。

3. 如果不滿意測試結果，就不要採用該系統。

4. 測試過程務必要有足夠的資料。

5. 樣本至少要有三十個。

6. 最後測試要採用全新的外部樣本。

7. 至少保留三分之一的資料做為外部樣本。

8. 針對不同市況進行測試。

9. 系統必須於不同時間架構進行測試。

10. 系統必須於不同市場進行測試。

11. 最佳化程序與曲線套入都不可進行得太過分。

12. 瞭解如何評估測試結果。

13. 學習比較不同的系統。

14. 不要低估佣金與滑移價差造成的影響。

15. 確定自己的資金足以因應兩倍的最大連續虧損。

16. 避免績效波動過份劇烈的系統。

17. 確定系統的絕大部分獲利不是集中在1、2筆交易。

值得提醒自己的一些問題：

1.我的系統或交易方法有沒有經過適當測試？

2.我的交易系統是否過度最佳化？

3.我的系統是否經過曲線套入？

4.我是否採用外部樣本進行測試？

5.交易系統是否具備正數的獲利期望值？

6.每筆交易的平均績效如何？

7.測試過程對於佣金與滑移價差的估計是否切合實際？

第 14 章

資金管理計畫

賭　徒

　　我經常拿專業賭徒來比喻精明交易者，因為這兩類人有很多共通之處，而且通常也都是贏家。除了徹底掌握機率與勝算之外，職業賭徒還引用完整的資金管理法則。他們不願意承擔沒有必要的風險。知道何時擁有勝算；勝算愈高，所下的賭注也愈大。如果根本沒有勝算，也就不願下注。他們知道如何保護既有獲利；手氣不好時，也知道鳴金息鼓。保持這種嚴格的紀律，讓他們可以隨時參加賭局。

　　某些頂尖交易者原本是職業賭徒，後來才轉行到金融交易市場。當理查‧丹尼斯（Richard Dennis）招募「忍者龜」時，職業賭徒與橋牌選手就是他最愛招募的對象之一。成功的賭徒與成功的交易者之間，存在一項共通處：他們都知道如何評估風險，並依此而下注。

　　所謂「賭徒」，我不是指那些喜歡賭博的人，而是指那

些靠著賭博維生的人。大多數人都是賭桌上的輸家，這是明顯的事實。可是，職業賭徒具備較嚴格的紀律，他們知道如何評估機率。他們賭得很精，不會爲了追求刺激而進場，他們只是想賺錢或謀取生計。他們通常都厭惡風險，不願接受負數的期望報酬。專業玩家只期待穩定的打擊率，不會刻意追求全壘打。如果勝算不站在他們這邊，就不會只因爲桌上的賭金很多而冒險。只要情況合理，眞正的賭徒並不在意輸錢。他們知道輸錢是贏得成功的必要程序之一，只要行爲正確，輸錢就不是問題；他們不會急著想在下一把就全部扳回來。他們知道只要嚴格遵循法則，就能成爲穩定的贏家。在21點的賭桌上，如果拿到兩張A分，就應該拆開而加倍下注；萬一沒有贏錢，也不應該覺得氣餒，因爲抉擇完全正確。長期而言，這類的下注最後仍然會贏錢，因爲其期望值爲正數。

　　眞正的賭徒也知道，他們沒有必要每把牌都跟進。如果勝算顯然不高，能自我克制而不跟進。他們或許會覺得無趣，但面前的籌碼絕不會少。愚蠢的賭徒會每把都下注，笨拙的交易者則會永遠都留在場內，即使勝算明顯不高也是如此。一般來說，只有業餘的玩家才會經常唬人。專業賭徒很少唬人；通常都是贏面居高時才會下注，否則就不跟進。職業賭徒都有準備周全的行動計畫與資金管理計畫。他們不加思索的就知道如何因應每種情況。勝算愈高，賭金也愈大。當手風很順時，他們未必會加碼。很少專業賭徒會因爲穩贏的感覺或第六感而增加賭金。他們只會根據勝算高低來調整賭金。對於一般金融市場交易者來說，職業賭徒的行爲模式

有很多值得學習之處。

職業賭徒的一些行為特徵：值得金融交易者模仿之處

＊ 不會輸錢搏大。

＊ 隨著勝算高低而調整賭金。

＊ 知道每把牌的風險／報酬比率。

＊ 知道何時應該退出。

＊ 除非擁有合理勝算，否則不跟進。

＊ 不怕輸錢。

＊ 知道在哪種情況下輸錢。

＊ 具備嚴格的紀律規範。

＊ 準備行動計畫。

＊ 知道如何管理資金。

　　更重要者，職業賭徒知道何時應該放手，何時應該退出，何時應該走開，何時應該逃跑。

酒吧內的賭局

　　我發現某些專業交易員在交易大廳與酒吧玩牌或下棋的成分，經常超過交易。很多交易員根本就流著賭徒的血液；我想，正因為金融交易具有某種賭博成分，所以才吸引這些人。那些精明的賭徒往往都成為精明的交易員。至於那些單純追求刺激的人，通常都不能成為真正的交易玩家，因為他們的交易頻率過高，總是承擔過高的風險。橋牌或西洋棋的好手，通常都很容易成為頂尖交易員。我們在酒吧內看到的很多橋牌賭局，參與者

往往不是業餘愛好者，某些都是選手級的人物，他們很容易把相關的技巧引用到金融市場。

資金管理計畫的重要性

　　深入分析贏家與輸家之間的真正分野，關鍵往往在於資金管理計畫。不論你是哪一類型的交易者——採用順勢系統或反轉系統、短線玩家或長期投資人、運用純機械性系統或主觀判斷——如果遵循嚴格的資金管理計畫，就比較可能成功。很多交易者根本沒有資金管理計畫；即使有，可能也不知道如何遵循。如果你不知道如何管理交易資本，縱使洪福齊天，也沒有機會在金融市場賺大錢。

　　一般技術分析書籍經常忽略或不太重視資金管理的問題。我們可以看到很多討論技術分析、選擇權，甚至交易心理學的著作，但很少看到專門處理資金管理的書籍。然而，資金管理經常是決定交易成敗的關鍵所在。即使你擁有全世界最好的交易系統，除非知道如何管理資金，否則很可能還是免不了失敗。過去我曾經擁有一些不錯的系統，但始終不能有效處理資金管理與風險。雖然偶爾還是能賺錢，但只要開始承擔過多風險，或碰到一些逆境，就很快連本帶利的輸掉。

　　反之，即使交易系統不怎麼高明，但只要掌握資金管理技巧，最後仍然能維持贏面。換言之，只要有健全的資金管理計畫，任何不太離譜的交易系統都能夠成功。只要適當管

理風險，最單純的系統也能夠獲得理想績效。缺少資金管理能力，交易的路途將變得很坎坷。本章剩餘部分準備討論資金管理計畫；下一章則說明資金管理技巧如何運用於交易。

我經常把資金管理計畫，比喻為汽車的煞車系統。每個18歲的年輕小伙子，都會炫耀自己車子的速度。他的車子或許跑得很快，但除非有很好的煞車系統，否則最後還是免不了發生車禍。話說回來，我的母親駕駛一輛老式的龐迪亞克，每小時跑40英里，但她對於煞車的關心程度，遠超過汽車的其他性能；所以，汽車保險桿上不曾掉過漆。這與資金管理之間有什麼關聯呢？一套交易系統的賺錢能力或許讓你印象深刻，但資金管理才是讓你避免破產而成為真正贏家的關鍵。

資金管理：所有贏家的共通處

如何尋找進場點，只是湊成拼圖的一小塊圖片而已，如何尋找出場點，則是另一小塊圖片；至於如何管理風險，其對於最後成敗的影響，則更甚於如何尋找進場與出場點。可是，在交易者眼裡，資金管理與風險參數設定，卻永遠是最不重要的課題。人們總是花太多時間觀察走勢圖，或測試交易系統，完全忽略了資金管理問題。系統發展過程中，某些人完全專注於技術指標，根本不理會交易部位規模，但部位規模往往是決定交易者成敗的關鍵因素。瞭解如何管理資金，其困難程度更超過判讀走勢圖、建立部位或設定停損。經過十一年的市場洗禮之後，資金管理仍然是我最大的弱點

所在。

　　我相信資金管理的重要性，更甚於挑選交易對象。如果各位曾經閱讀《金融怪傑》（*Market Wizards*）一書，或聽任何頂尖玩家的演講，應該發現每位交易者都運用不同的方法。有些人留意趨勢，有些人挑選反轉系統；有些人偏愛短線進出，另一些人則長期持有，還有一些人則從事價差交易。可是，**所有交易好手都有一個共通處：他們都採用嚴格的資金管理計畫，而且都同意這是他們之所以成功的關鍵。**

資金管理的目的

　　資金管理的目的很單純：在奇差無比的交易或連續虧損之後，仍然有能力留在市場繼續從事交易。學習如何管理風險，有助於交易者保障珍貴的資本，使其禁得起正常的連續虧損。掌握資金管理的竅門之後，就能忍受15筆連續虧損，然後在2筆交易中扳回先前所有的損失。反之，如果沒有資金管理計畫，即使在15筆連續獲利之後，也可能因為2筆虧損交易而破產，因為他不瞭解如何控制風險。缺乏健全的資金管理方法，交易者將不知道自己禁得起哪種程度的虧損，只要幾筆失敗交易就可能讓帳戶報廢。

　　大約十五年前，我閱讀狄更斯（Charles Dickens）的《大衛·古伯菲爾德》（David Copperfield），對於其中一段對白覺得印象深刻。麥考伯（Micawber）曾經提供一些有關資金管理的建議給年輕的大衛：

「大衛，我的另一個建議，」參考伯說：「如果每年收入20磅，而每年花費19磅，你會很快樂。反之，如果每年收入20磅，每年支出21磅，你會很窮困。花朵會凋謝、葉子會枯萎，每天都非常悲慘——總之，你將永遠失敗，就像我一樣。」

簡言之，如果收入多於支出（虧損），就沒有問題，如果支出（虧損）超過收入，那就完了。把這項原則引用到金融交易，也能同樣成功。順便提一件事，如果你還沒有看過《大衛‧古伯菲爾德》，不妨找時間閱讀這本書，絕對值得。

保障交易本

如何侷限損失，使其金額不超過獲利，這是交易成功的關鍵。對於很多交易者來說，學習如何認賠是很困難的，但他們最後仍然必須瞭解一項事實，一筆交易虧損$300，總好過虧損$1,000。請注意，真正的決勝點，往往不在於如何擴大獲利，而在於如何侷限損失。如果讀者還記得第1章強調的資本保障觀念，就能永遠活躍於市場。過去，我總會在記事簿上寫著「保障資本」；現在，這四個醒目的大字就貼在電腦螢幕旁。我必須隨時提醒自己，尤其是出現不正常的虧損時。

如果交易帳戶爆掉，我相信問題絕對是資金管理不當，沒有珍惜交易資本。當然，欠缺交易技巧可能也是導致失敗的部分原因，但最大的問題必定是資金管理方法與風險控

制。沒有資本，就沒有交易；所以絕對不可承擔過多風險。

資金管理計畫的內容

　　資金管理涵蓋的內容很多，包括：整體風險承擔，每筆交易承擔的風險程度，何時應該更積極承擔風險，任何特定時刻所能夠承擔的最大風險，風險暴露程度，何時應該認賠，如何設定部位規模，如何進行加碼等。出場策略應該反映資金管理方法，因為停損與部位規模是取決於當時市況與個人風險偏好。交易部位的契約口數，對於操作績效影響很大。資本大小將決定你所能夠承擔的風險程度。$5萬的帳戶，禁得起每筆交易損失$1,000，但起始資本如果只有$3萬，就不適合承擔相同風險，不論該筆交易看起來多麼具有潛能。

風險水準

　　除了健全的資金管理計畫之外，頂尖交易者的風險容忍程度通常都偏低。最佳交易者並不是那些偶爾賺最多錢的人，而是那些總是賠最少的人。風險容忍程度愈低，愈可能成為頂尖交易者，因為他們不會挖一個很深的洞讓自己跳進去。他們的賺錢能力或許不如其他交易者，但操作績效非常穩定。

　　專業交易機構內，那些可運用資本較大的交易者，並不是那些賺最多錢的人，而是那些萬一發生虧損而損失程度最

少的人。對於那些態度保守而能夠侷限損失的人，管理當局比較放心，願意做較大的授權。至於那些績效大起大落的交易者，通常比較危險，萬一交易不順利，可能對公司造成重大傷害。

　　個人的風險容忍程度，我不知道是否有改變的可能性。過去幾年以來，我不斷嘗試調降自己所願意接受的風險，結果並不令人滿意。雖然有些改進，但我承擔的風險仍然超過一般人。如果你總是承擔過大的風險，務必要瞭解自己在這方面的問題，然後想辦法處理。擬定資金管理計畫的過程中，必須刻意壓低風險容忍程度，並嚴格遵守。可是，風險參數也不宜設定太低；如果你沒有辦法執行，任何計畫都是多餘的。

瞭解自己可以承擔多少風險

　　實際進行交易之前，必須擬妥風險管理計畫。這是指你在任何時候所願意接受的最大損失程度。不論哪個市場，你必須設定自己願意接受的最大風險，或所願意承擔的最大損失。你必須盤算，自己所能容忍最大損失占總交易資本的百分率。你也必須清楚，總體部位在任何時候所願意承擔的最大風險，以及認賠水準。換言之，如果某天（某星期或其他時間單位）發生$X的損失，你就結束所有部位（最起碼也要結束虧損部位）。這種認賠情況一旦發生，最好暫時休息一陣子，讓自己稍稍冷靜，然後重新出發。短線交易者應該設定每天所允許出現的最大損失；一旦出現這種損失，不妨暫

停交易，到外面走一走。幾個月以前，我曾經連續三個星期幾乎每天都出現這類狀況；於是，我給自己放了一個星期的假。休假回來之後，頭腦又恢復清醒。

你也要知道何時應該調整風險。只要市況發生變動，風險通常也會隨之變動。所以，你必須根據市況調整風險程度。某些交易機會的勝算較高，或許應該承受較大的風險，建立較大的部位。如果幾分鐘之後將公佈重大消息，行情波動轉劇；在這種情況下，由於風險增大，你應該考慮出場或減少部位的暴露風險。隨著風險提高，除非減少部位規模，否則整體風險暴露程度將超過預期水準。

不要受到最近交易結果的影響

交易不順利時，某些人會興起放手一搏的念頭。一旦情況失控，交易者可能會不知所措，或完全忘掉應有的資金管理原則而準備「置之死地而後生」。舉例來說，剛開始，交易者可能建立資金管理法則允許的2口契約部位。如果發展不順利，交易者可能忽略停損與資金管理計畫，因為他不想認賠。情況迅速惡化，更急著想扳回。於是，興起一些愚蠢的念頭（我也曾經如此），準備交易4口契約，因為除非擴大交易規模，否則很不容易扳回先前的虧損。如果仍然繼續持有原先的部位，甚至可能考慮加碼，因為「如果在1351.00都願意買進的話，在1334.50更應該買進。何況價格已經跌無可跌了。」

　　如果部位規模從來沒有超過2口契約，就千萬不要因為先前的虧損而交易2口以上的契約。部位規模絕對不可超過資金管理計畫所允許的程度。如果你發現自己正在這麼做，馬上停下來，好好思考自己在做什麼傻事。不要因為想扳回先前的損失而冒險行事，絕對不可違背資金管理計畫——這是自討苦吃的最穩當方法。

　　同理，當交易手風特別順時，也不可興起「所向無敵」的想法，自以為不需再受制於資金管理原則。如果因為得意忘形而忽略風險控制，很可能出現「樂極生悲」的結果——重大虧損往往出現在連續獲利之後。所以，不論交易特別順利或不順利，這時尤其要嚴格遵守資金管理計畫，不要讓最近的交易結果影響後續的交易。

準備充裕的交易資本

　　此處還有另一個資金管理的主題，但這與個人理財的關聯程度超過交易。務必確定你有充裕的資金從事交易。著手進行交易之前，應該騰出交易所需的資金，一般生活費用最好完全不要與交易帳戶發生關聯。你是否打算依靠交易帳戶維持生計，同時又希望交易能夠有所進展？如果有這種打算，交易帳戶恐怕就很難成長。你不該由交易帳戶撥錢支付日常帳單，否則必然會嚴重干擾交易。當我決定不再由交易帳戶挪錢支付帳單之後，馬上就有「如釋重負」的感覺。放下這方面的財務重擔，也就沒有「必須賺錢」的急迫感。這對於交易有正面影響，賺錢也變得比較容易。請注意，透過

交易賺錢，原本已經夠難了；如果日常生活還必須由交易帳戶負擔，絕對不會有所幫助。即使你騰出一些資金準備只供交易之用，仍然必須考慮資金額度是否足夠；如果資金不足，可能只是無謂的浪費而已。交易者必須確定自己承受得了連續虧損，包括非常嚴重的連續虧損在內，而不至於影響未來的交易能力。這也是為什麼你必須利用歷史資料測試交易系統的原因。你才能大致瞭解交易系統可能發生多麼嚴重的最大連續虧損。請相信我，這類連續損失或最大連續虧損都會實際發生，所以務必要有心理與實質的準備。

小額帳戶

我發現，小額帳戶交易者的冒險犯難精神，顯然超過大額帳戶。類似的情況也發生在小賭徒身上。他們自以為沒有什麼可損失，即使全部都輸了，也沒什麼了不起。小額帳戶必須更謹慎，對於風險控制必須更小心，因為他們沒有犯錯的本錢。可是，實際的情況經常相反，小額帳戶往往都不考慮部位規模的問題，認為資金管理並不適用於他們，因為他們根本無能為力。他們把總資金的50%投入交易，因為別無選擇。把所有的雞蛋擺在同一個籃子裡，萬一籃子破了，後果恐怕不堪設想。他們認為如果擁有$10萬，他們就會分散風險，每筆交易投入的資金不會超過總資本的2%，因為書上都是這麼寫的。可是，他們畢竟只有$5,000，但每個部位同樣投入$2,000（換言之，$10萬的2%）。我們很容易判斷這些人的成功機會究竟如何。只要連續出現2、3筆虧損，這些小

額帳戶很可能就被勾銷了；對於$10萬帳戶來說，同樣的損失根本不至於傷及筋骨。如果你可運用的資金很有限，而且又必須從事交易，絕對不要輕忽資金管理的重要性；必須確定自己禁得起可能出現的連續虧損，相對於交易資本來說，每筆交易承擔的風險不要太高。

交易策略的獲利期望值必須是正數

除非交易系統的獲利期望值為正數，否則任何資金管理方法或部位規模策略都不能讓你獲利。賭場與彩券的莊家都擁有正數的獲利期望值，所以賭客們不論運用什麼策略，莊家都是長期的贏家。沒錯，某些賭客也會贏，但莊家根本不在意個別賭客的輸贏，他們所在意的是整體結果。只要賭客們不斷下注，莊家一定會贏，因為他們擁有勝算，因為他們的獲利期望值為正數。

交易的情況也是如此。如果交易系統的獲利期望值為正數，長期而言就能賺錢。反之，如果獲利期望值為負數，就不需大費周章了，因為賺錢的機會渺茫。一般來說，透過歷史測試就可以知道交易系統是否具備正數的獲利期望值。如果某套系統不適用於過去，應該也不適用於未來。系統的獲利期望值為正數，並不代表該系統的訊號有半數以上能夠賺錢，這只意味著該系統的總獲利超過總虧損。不要擔心系統的勝率問題，即使勝率只有30%，系統還是可能賺錢。舉例來說，如果交易系統的勝率為30%，成功交易平均獲利$800，失敗交易平均虧損$300，獲利期望值為（$800¥0.3）＋

（$300¥0.7）＝$240－$210＝$30；換言之，每筆交易的獲利期望值為$30。雖然$30或許只能勉強支付佣金費用而已，但至少是一個起點。你必須想辦法提高每筆交易的獲利期望值，否則該系統就不值得嘗試。如何辦到呢？想辦法讓成功交易的獲利擴大，或降低失敗交易的損失，要不然只有提高系統勝率。除非系統的獲利期望值能夠從容應付佣金與滑移價差，否則就不要運用於交易，另外尋找更適用的策略。

成為最佳交易者

　　如果想成為最佳交易者，就必須瞭解資金管理的重要性，而且能夠運用適當的風險控制方法，藉以保障珍貴的交易資本。資金管理可能是決定交易勝敗的最重要單一因素。找到適當機會，建立適當部位，只不過是交易程序的一部分；除非知道如何管理資本，否則就很難成功。**所謂的風險管理，並不只是在部位建立之後，控制可能發生的損失；實際進行交易之前，也有很多相關工作必須準備**。你必須事先盤算自己能夠或願意承受多少風險，評估整體部位所能夠投入的總資金額度，以及每筆交易的最大資金規模。你必須清楚每個部位最多能夠持有幾口契約。你必須預先設定每天能夠發生的最大損失；一旦損失到達預定水準，就應該暫停交易，讓頭腦冷靜一下。資金管理計畫為什麼重要？因為它可以確保交易帳戶不至於破產，讓你明天還可以繼續進場從事交易。另外，必須確定交易系統的獲利期望值是正數，否則不論多麼精明的資金管理也不可能讓你長期獲利。最後，請注意，如果你不能嚴格遵守，即使是最高明的資金管理策略

也不能幫助你。只要你想在金融交易市場獲得成功，首先就必須培養嚴格的紀律規範。

精明的交易者就是那些知道如何控制風險的人。沒錯，其他人偶爾或許能賺更多，但唯有懂得控制風險的人，才能維持一貫的操作績效。隨時掌握風險狀況，並依此調整部位規模，通常就不會讓虧損失控。讓我重複強調：**真正的輸贏關鍵，不在於如何擴大獲利，而在於如何侷限損失**。有效的交易系統，勝率經常低於50%，所以控制風險就成為關鍵。

缺乏或誤用資金管理計畫的危險：

1. 交易帳戶破產。
2. 不知道應該承擔多少風險。
3. 完全沒有風險概念。
4. 不知道何時應該停止。
5. 採用獲利期望值為負數的交易系統。
6. 承擔你不堪負荷的風險。
7. 沒有依據情況需要來調整風險。
8. 沒有嚴格遵守計畫的紀律。
9. 因為大輸或大贏而沖昏頭，不受風險參數節制。
10. 不相信自己會遇到最大連續虧損。

資金管理計畫的重要性：

1. 嚴格的資金管理，是頂尖交易者的共通處。
2. 資金管理讓你得以保障珍貴的交易資本。
3. 資金管理讓你瞭解自己能夠承受多手風險。

4. 資金管理讓你有處理最糟情況的準備。

5. 資金管理協助你侷限虧損。

6. 資金管理讓你知道最多持有幾口契約。

7. 資金管理協助你準備充裕的交易資本。

8. 資金管理可以避免交易帳戶破產。

9. 資金管理協助你設定合理的交易目標。

10. 資金管理讓明確知道什麼時候應該退場。

11. 資金管理可以避免賭博心態。

12. 資金管理可以協助你設定所允許發生的最大虧損。

值得提醒自己的一些問題：

1. 我是否有明確的資金管理計畫？

2. 我是否知道自己可以承受多少風險？

3. 我的交易資本是否充裕？

4. 我的交易系統是否具備正數的獲利期望值？

5. 我有沒有嚴格遵守計畫？

6. 我是否承擔過高的風險？

第 15 章

設定風險參數與擬定資金管理計畫

我們很容易判斷某人是否需要一套資金管理計畫，問題是如何讓他實際擬妥一套適用的計畫。可是，如果你真願意花時間進行這方面的工作，顯然就比較容易成為真正的贏家。資金管理計畫沒有必要很精密複雜，但需要透過某些準則規範財務。擬定資金管理計畫的過程中，需要設定風險參數，必須知道自己禁得起多少損失，能夠承擔多少風險，能夠交易幾口契約，何時應該擴大部位規模。本章將協助你擬定資金管理計畫，考慮其中的種種相關因素。本章內容或許與前一章有重疊之處，但是可以強化你的記憶。

確定交易資本結構健全

首先必須確定交易資本充裕。如果資金不足，交易就很難成功，因為不能有效設定風險參數。交易帳戶的資本不足，部位規模過大就會成為一種常態。某些交易者認為，只要資金足以建立部位，就算資本充裕了。這種情況下，他們

隨時都必須把所有資本投入市場，因爲別無選擇。請注意，雖然你有足夠的資金建立部位，並不代表資本就充裕。資本不足勢必會讓交易者承擔過高風險，只要出現一些錯誤，就會演變爲天大的麻煩。

挑選適當的交易對象

接下來的話題，是在資本允許範圍內，挑選適當的交易對象。對於$5,000的帳戶，交易對象如果是玉米，資本或許已經足夠了，但如果是黃豆或咖啡，資本可能就不足。某些市場的價格波動較劇烈，需要較充裕的資金。挑選適當的交易對象，考慮的因子不只是金額而已，還包括契約口數或股數。如果某股票的當日沖銷，原本只應該交易200股，實際上卻交易500股，可能造成交易生涯提早結束。總之，態度最好是保守一點。

不要把交易資本看成是你能夠承受的損失

每個人都知道，你只能拿自己禁得起損失的資金當做爲交易資本；雖說如此，但最好避免這麼想。如果你認爲帳戶內的資本都屬於風險資本，也是禁得起損失的資金，通常就比較不會愛惜。當我到賭場時，經常會告訴自己，我只拿$1,000，好好玩一玩，只要輸光這$1,000，就算了。沒錯，只要抱著這種心理，通常都會輸光$1,000。交易時，你應該珍惜帳戶內的每塊錢，這些錢絕對不是準備輸的。如果把帳戶資本視爲可以損失的資金，自然就不會珍惜。

防守第一

　　教練經常告訴運動選手，防禦是最佳的攻擊。沒錯，攻擊也很重要，但只要對手無法得分，你就不會輸。交易的情況也是如此，務必優先考慮防禦，其次才考慮攻擊。進行交易之前，首先應該評估風險。唯有評估過風險之後，才可以考慮該筆交易是否值得進行，應該建立幾口契約或股數的部位。考慮獲利潛能之前，必須先考慮風險多高。只要先考慮風險，資金管理的優先順序就會超過交易決策與看法。千萬不要接受沒有必要的風險，不要涉入自己不能控制風險的場合。如果某重要數據或經濟報告即將出爐，市場可能出現跳空走勢，其中的風險顯然不能控制。這類情況通常不適合進行交易。如果你不確定風險究竟多高，就不要交易，否則就是自尋煩惱。

設定風險與資金管理參數

承擔多少風險

　　關於資金管理計畫，首先必須決定的問題，就是你應該承擔多少風險。**大多數初學者都不知道自己可以承擔多少風險，所以這也是他們的最大問題。**他們不知道可以建立多少契約口數的部位？不知道交易資本中有多少百分率可以投入市場？不知道同時可以建立幾個不同部位？不知道哪些市場之間存在關聯？不知道如何評估相關市場之間的風險關係？不知道如何設定與調整停損？因此很多交易者都承擔過高風

險。如果你總共只有$5,000資本，就不應該建立$3,000的單一部位。設定適當風險參數之後，就有原則可供依循，不會暴露在過高的市場風險中。關於自己究竟能夠承擔多少風險，這是一個非常值得謹慎考慮的問題，參數設定必須符合個人的風險偏好。

風險資本與總資本的關係

不論可供運用的交易資本是多少，絕對不是你可以全部投入市場的資金。你必須把這些資本做適當分配，只運用半數或其他比率於交易率。假設你準備把半數的資本用於交易；讓我們稱其為**風險資本**。把另外半數資本存在銀行戶頭內孳息，作為防範萬一的安全網。銀行戶頭的資金不直接用於交易，其用途只是確保資本充裕。如果實際承擔風險的交易資本不超過50%，就絕對不會被三振出局。即使你遭遇一連串的虧損，即使你損失全部的風險資本，仍然還有半數的資本可供交易。這種安排允許你在觸犯重大錯誤之後，仍然得以進行交易。這會自動減少你暴露在市場的風險程度，因為你只有半數資本能夠實際用於市場。

固定百分率的資金管理

至於如何決定每筆交易所能承擔的最大風險，最常見的方法，就是將其金額設定為資本的某固定百分率。這也就是所謂的**固定百分率資金管理**。一般來說，**這個百分率都設定為5%或更少**，換言之，每筆交易的投入金額不得超過總風險資本的5%。雖然5%是普遍公認的水準，但專業玩家則把它降低到2%。不幸的，業餘玩家不太適用2%的水準，即使帳

戶規模高達$5萬也是如此。對於$5萬的風險資本，5%相當於
$2,500，這在某些市場只勉強能夠建立單口契約的部位。如
果把水準降到2%，對於業餘交易者來說，恐怕很難從事交
易。所以，如果交易資本只有$3,000，幾乎任何交易都免不
了用掉20%以上的資本；只要連續發生幾筆虧損交易，恐怕
就無以為繼了。每筆交易只用5%的風險資本，除非連續發生
二十次錯誤，否則就不至於被迫退出交易。只要態度保守，
即使碰到連續虧損，其後仍然還有進場一搏的機會。金融交
易市場上，連續五筆虧損交易是很常見的，如果你太冒險，
很容易就提早結束交易生命。反之，如果資本足夠充裕，連
續五筆虧損交易還不至於造成致命傷害。

　　採用固定百分率資金管理方法，隨時都知道每筆交易最
多可以承擔多少風險。隨著帳戶資本增加，可承擔的風險也
增加。對於$10,000的帳戶，5%的風險相當於$500，當帳戶
資本增加為$15,000，每筆交易最多可以承擔$750，可以使用
較寬鬆的停損，或建立較多契約口數的部位。

　　某些人碰到連續虧損時，經常會有「輸錢搏大」的心
理，想要擴大交易規模。他們之所以會產生這種心理，原因
有兩點。**第一**，急於扳回先前的損失，認為最好的辦法就是
增加交易規模。**第二**，已經發生多次虧損，手風隨時可能轉
順。不論哪種情況，勝算都不會因此提高，所以不適合承擔
更大風險。每當人們急於脫困，而且可用的籌碼愈來愈少，
放手一搏的心理往往會讓他們愈陷愈深。焦急絕非扳回劣勢
的正當態度，這些交易往往失之於魯莽，甚至違背資金管理

計畫。這種情況下，交易頻率會愈來愈高，所承受的風險也愈來愈大。正確的做法剛好相反，發生虧損時，應該向下調整風險水準。如果交易資本只有$10,000，就不適合採納資本為$25,000的風險。同理，當交易連續獲利時，必須特別留意隨後很可能產生連續虧損，而且連續虧損的金額往往更甚於先前的獲利。一般來說，由於交易規模擴大，一、兩筆不順手的交易，可能就會勾銷先前幾個星期或幾個月的獲利。

部位規模

交易幾口契約

部位規模是決定交易成敗的重要因素之一，如果沒有謹慎處理，很可能造成重大傷害。即使交易勝率高達60%，但只要失敗交易的部位規模都特別大，最後結果往往還是虧損。瞭解每筆交易能夠承擔的風險，這只是第一步；你還需要決定每次能夠持有多少股數或契約口數。這需要從兩部分來考慮。第一，每個市場所允許交易的最多契約口數；這部分問題相對單純。較困難的是，**如何依據市場風險程度或交易勝算來調整部位規模**。

很多交易者之所以失敗，原因在於部位規模太大；換言之，他們承擔不該承擔的風險。這種情況特別容易發生在小額交易者身上。剛開始，他們每次只建立單口契約的部位，因為資本不足；其中一些幸運的人，後來可以累積一些資本，於是開始交易兩口契約，但資本仍然不足。

一般交易者都沒有仔細考慮交易數量的問題。大家都只

關心如何進場，然後考慮如何設定停損，很少人會思考交易數量。這些人的交易規模通常都太大，往往投入全部的資本，或不知道在適當情況下擴大交易規模。絕大部分交易者都沒有建立某種準則調整部位規模；某些人永遠採用固定的部位規模，另一些人則依據心情調整交易規模，尤其是在連續獲利或連續虧損之後。每位交易者都應該瞭解一項原則：**目前交易絕對不該受到先前交易結果的影響**。不論發生重大虧損或取得重大獲利，除非依據資金管理計畫行事，否則不要調整風險參數。事實上，遇到連續虧損時，或許應該考慮降低交易規模。禍不單行，虧損經常連續發生；碰到這種情況，不要氣餒，不妨降低交易規模，冷靜因應。

允許交易的最大契約口數

設定每筆交易所允許運用的最大資本之後，接著就要考慮每個市場能夠交易的契約口數。每個市場的情況都各自不同，所以這個問題沒有簡單的答案。舉例來說，玉米與S&P指數期貨的契約交易口數就不同，因為S&P的市場風險大約是玉米的二十倍。每支股票與每種商品的風險性質都不盡相同，需要個別考慮。交易者必須評估每個市場的風險或平均真實區間（average true range）。假定A市場的每天價格區間為$2,000，B市場為$500，則B市場的交易契約口數可以是A市場的四倍，如此一來，兩個部位的風險才相同。市場情況會隨時發生變化，所以需要經常評估風險。

假定你有$25,000的風險資本，每筆交易頂多能運用5%的資本，換言之，每筆交易最多有$1,250可供運用。某些交

易者直接把這項數據除以交易所規定的最低保證金，藉以計
算每筆交易可運用的最大契約口數。我本身則採用價格平均
真實區間（ATR）做為計算基礎。對於當日沖銷來說，我把
$1,250除以每口契約的ATR金額。讀者當然也可以取ATR金
額的半數，但我喜歡保守一點。對於長期交易來說，我取
ATR金額的某個倍數，或取週線圖上的ATR金額。舉例來
說，如果當日沖銷股票的每天平均真實區間為$4，我通常會
進出300股；如果ATR為$2，數量可以增加到600股。

　　股票與商品交易之間有一項差異，商品只需要實際投入
契約價值的一部分資金。對於商品交易，如果願意接受的最
大風險為$1,250，你實際上可能只需要動用$1,000的資本；
對於股票交易來說，如果最大風險仍然是$1,250，或許可以
買進價值$10,000的股票。所以，對於相同的風險來說，商品
所能交易的風險金額顯然較大。假定每筆交易的最大風險都
是資本的5%，股票交易所必須投入的資本顯然較多。舉例來
說，如果你在$100買進100股IBM，每股風險為$10，你可能
用掉$10,000的資本，但風險金額只有$1,000。對於風險金額
同樣是$1,000的商品交易，你只需要投入$1,000做為保證
金，所能夠持有的契約數量價值將超過股票。可能就是這個
緣故，導致商品交易經常出現較大的損失。萬一判斷錯誤，
由於商品部位持有的契約價值較高，損失也較嚴重。

設定最大契約口數
　　通常我都會編製一份表格，讓我知道每個市場允許進行
交易的最大契約口數；這樣我才能時時控制自己，不至於被

一時的情緒因素沖昏了頭。請參考表15-1，假定我的交易資本為\$50,000，其中一半\$25,000做為風險資本，每筆交易願意承擔的最大風險金額為\$1,250（相當於風險資本的5%）。我採用最近十四天的價格資料計算每天的平均真實區間

表15-1 每個市場允許交易的最大契約口數。

總交易資本		\$50,000
風險資本 = 總交易資本的50%		\$25,000
每筆交易最大風險 = 風險資本的5%		\$1,250
商品或股票	14天期平均ATR	最大契約口數
S&P 500指數	\$4,800.00	0
S&P迷你契約	\$1,000.00	1
那斯達克100指數	\$3,500.00	0
那斯達克迷你契約	\$700.00	1
美國國庫券	\$1,100.00	1
瑞士法郎	\$500.00	2
原油	\$750.00	1
熱燃油	\$800.00	1
小麥	\$250.00	5
玉米	\$175.00	7
黃豆	\$350.00	4
豬肉	\$350.00	4
活牛	\$250.00	5
咖啡	\$550.00	2
可可	\$200.00	6
糖	\$250.00	5
黃金	\$300.00	4
AMAT股票	\$2.50	500
KLAC股票	\$3.00	400
MSFT股票	\$2.00	600
GS股票	\$2.80	400
LEH股票	\$2.50	500
SLB股票	\$1.90	600
DELL股票	\$1.50	800
IBM股票	\$3.50	300

（ATR），藉以估算$1,250所能夠建立的契約口數或股數。當
我進行交易時，實際承受的風險通常更低於此，但這些數據
畢竟可以做為參考。表15-1列舉每個市場允許交易的最大契
約口數，但除非情況特殊，否則實際交易的契約口數都較
少。如果你最多只能買進600股A股票，於是就買進600股，
這顯然不正確。精明的交易者絕對不會經常持有最大股數。
反之，如果某個機會的技術條件很好，有效停損位置非常接
近，我並不排斥持有較多的契約口數。

依據勝算調整部位規模

　　最終部位規模必須取決於交易對象的風險／報酬關係。
如果某筆交易的勝算特別高，就可以考慮最大部位規模，如
果勝算平平，部位規模也就採用一般水準，依此類推。某些
交易機會看起來似乎不錯，但適當的停損位置距離太遠，部
位規模也就不宜太大。你仍然可以進場交易，但數量最好向
下調整，防範判斷萬一錯誤可能造成的嚴重虧損。反之，有
些機會的條件很好，技術結構很完整，停損距離很近，這類
部位的規模甚至可以超過最大限制。總之，只要機會恰當，
就放膽一搏，但基本上還是要受資金管理計畫的節制。

評估應該承擔多少風險時，需要考慮的一些因素：
＊ 是否順著趨勢發展方向進行交易？
＊ 目前價格與趨勢線或移動平均之間的距離多近？
＊ 既有走勢是否已經發展一大段了？
＊ 停損距離多遠？
＊ 你願意接受多少損失？

＊ 獲利潛能如何？

＊ 你通常如何處理這類的交易？

＊ 你有多少把握？

　　萬一你覺得必須交易而風險又太高，最好減少交易股數。順著主要趨勢方向建立的部位，規模可以稍微大些；反之，如果逆著主要趨勢方向建立部位，規模就應該小點。早上剛開盤的時段，因為盤勢方向還不太確定，我的操作績效通常都不太好；這個時段內，我只會採用正常量的三分之一，直到發現好機會為止；然後交易數量才會變得較積極一些。如果午餐時段持有部位，數量也不會太多，因為由過去的資料觀察，這並非適合進行交易的時間。可是，當我看到自己很喜歡的機會，或過去操作績效都很不錯的型態，就會變得很大膽。

　　如何決定部位規模，這個問題有時不容易處理，但務必要記住一點，先決定自己願意承受的最大風險，必須知道每筆交易願意接受多少虧損，最後才盤算契約口數。如果交易涉及的風險太高，你沒有必要接受。「零」口契約也可以是決策結果。

多重部位

　　大概瞭解單筆交易所應該承擔的風險與契約口數之後，接下來就要考慮同時可以建立多少部位的問題，以及如何決定整體部位的總風險。某些人在任何特定時刻只願意交易單一市場或單一股票，但多數交易者並非如此，所以我們還是

需要考慮整體風險。關於這個問題，每個人的答案都不太一樣。任何時刻，我都不希望投入半數以上的風險資本；比率最好是風險資本的30％或更少。如果我的風險資本為$25,000，我在無關聯市場的總持有部位風險金額大約介於$8,000到$12,500之間。請注意，在兩個高度相關的市場分別持有部位，幾乎就等於在單一市場持有部位。舉例來說，假設原油市場的風險金額為5％，熱燃油市場也是5％；相當於在石油市場投入10％的風險金額。相同類股或類似商品的部位，由於未必具有絕對的相關性，風險考量可以留一些緩衝空間。舉例來說，電子股部位的風險金額可以設定為風險資本的7.5％，換言之，稍高於5％。如果單一市場的風險金額通常設定為2％，這類相關市場不妨採用3％的高限。

非常倒楣

我曾經同時持有十五種不同商品的部位。根據我的想法，這種組合應該很安全，因為風險高度分散。可是當天結束時，每個部位都發生虧損。我持有部位總風險已經遠超過我能夠負擔的範圍，當天的損失大約是$6,000。這個金額現在聽起來似乎沒什麼了不起，不過我的帳戶內當時只有$5,000。我從來沒想到一天之內可能發生這種程度的虧損，但這就是過度交易或沒有遵守資金管理計畫的後果。

　　如果你同時買進10支不同的半導體股票，這可以視為單一的大部位。如果願意，你當然可以這麼做，不過必須瞭解這類部位涉及的風險，並做適當的因應計畫。就我個人來

說，如果特別看好某個類股，通常都會持有該類股的一籃股票，而不只是挑選其中一、兩種。如此一來，操作績效才不至於受到特殊事件的影響，譬如：某公司的財務執行長辭職。就某類股，如果平常的交易數量都是5,000股，我可能挑選10支不同股票，分別建立500股的部位。

我也建議同時持有多頭部位與空頭部位，藉以降低風險。如果整個大盤看起來會漲，想辦法找到一些相對弱勢股，建立適量的空頭部位。我們對於行情的看法未必正確，萬一整個大盤逆轉，相對弱勢股票的跌勢在理論上應該超過強勢股；換言之，空頭部位的獲利，可以顯著彌補多頭部位的虧損。甚至你可以在資金管理計畫中明文規定，任何類股的淨部位絕對不超過5,000股。如果買進8,000股，至少需要放空3,000股，藉以平衡風險。

提高交易規模

什麼情況下應該提升風險暴露水準與部位規模，這是資金管理計畫必須處理的問題之一。相關的結論不能只是：「如果我有$5,000，就交易1口契約」，如果有$10,000，就交易2口契約。首先，每筆交易的風險資金不得超過總風險資本的2%。在此之前，每筆交易的契約規模都保持相同。在此之後，允許交易的股數就必須定期調整。你或許可以規定，每當交易資本變動量達到某特定程度，或者每隔幾星期，就重新評估這方面的規定。你不能隨心所欲的變動交易規模，這一切都必須在風險管理計畫的範圍內進行。

　　隨著帳戶資本成長，交易規模也可以擴大，但兩者之間的比例關係不能失調。有些人開始賺錢之後，就不斷提高交易規模，直到完全失控為止。剛開始可能只是加碼，但不知道如何進行，結果造成單一部位承擔的風險過高。當初只有$10,000的資本，交易1口契約，現在資本增加到$15,000，交易規模擴大為5口契約，他們顯然被成功沖昏了頭，因為實際上仍然只應該交易1口契約而已。

　　當你認為應該調整交易規模時，不妨慢慢來。不要太魯莽，慢慢調整；最好等到很好的機會，才順勢增加交易規模。這方面的調整務必要謹慎，部位規模擴大之後，相同程度的不利價格波動，就會造成更嚴重的損失。我不建議突然就增加一倍的交易量，不過這項建議對於小額交易者恐怕窒礙難行，因為他們原本只交易1口契約或100股。對於這些小額交易者來說，如果想要擴大交易量，至少也要交易2口契約或200股，但這會使得虧損速度立即加快一倍。如果部位規模由300股增加為400股，或由10口增加為12口，顯然比較安全，因為盈虧速度不至於變化太大。所以，小額交易者永遠處於較不利的地位，態度也需要更保守一些。

　　最後，不要因為操作成功或失敗而調整交易規模；這顯然不是進行調整的適當時機。情緒波動時，不適合擬定或變更決策。如果想要提高交易規模，我認為唯一適當的時機，就是碰到很好的機會（換言之，風險／報酬關係很好的機會），即使是如此，態度也應該儘量保守。

如何進行加碼？

很多交易者不知道如何適當的進行加碼，結果造成不當的部位成本結構。**所謂加碼，是指既有部位已經獲利，而且當時的價格趨勢還繼續發展，交易者為了取得更大的獲利而擴大部位規模。**首先讓我們看看一些錯誤的加碼方式，最初是1口契約，開始獲利之後，追加2口契約，然後再追加3口。這種加碼方式，將造成部位成本結構頭重腳輕，換言之，在愈高的成本價位，持有的契約口數愈多。請注意，每經過一次加碼，整體部位成本不只會提高，而且是加速上升。萬一行情折返，後果將不堪設想。頭重腳輕的部位，只要行情稍微拉回，就可能勾銷整體部位的獲利。

適當的加碼方法，要讓最多口契約持有最低的成本，換言之，隨著價格趨勢朝有利方向發展，後續追加的契約口數愈來愈少。舉例來說，如果起始部位為10口契約，接著加碼7口，然後是4口，2口，1口。這種加碼方式，與前述的頭重腳輕結構不同，雖然每次加碼會造成整體部位的成本增加，但增加速度會持續減緩。所以，萬一既有價格趨勢反轉，比較不容易立即侵蝕部位成本。這種加碼的成本結構，類似埃及金字塔，底部較廣，頭部較小。讀者不妨想想，如果埃及金字塔採用「頭重腳輕」的結構，恐怕很難在四千六百年的時間考驗之後仍繼續挺立。交易的情況也是如此。如果採用顛倒金字塔結構，很容易就會倒塌，所以務必要確定底部最大。

穩當持久

　　我有一位朋友，他從事小麥期貨交易，起始資本只有$2,000。在一波大行情的啓動點附近，他買進2口小麥契約；幾天之後，部位賺了不少錢，足以負擔另外2口契約的保證金。隨著行情繼續發展，他很快又買了2口契約。透過這種方式操作，繼續了幾個星期。由於部位持續獲利，每隔幾天就能累積足夠的保證金加碼，而且加碼所需的時間愈來愈短，因爲部位愈來愈大，獲利也愈來愈多，所以能夠更快累積加碼所需要的保證金。兩個月之後，他已經持有30多口契約，總價值超過$50,000。可是，好景不常，多頭走勢最後還是結束了，於是價格開始向下反轉，而且跌勢相當猛烈。下跌走勢對於部位獲利的侵蝕速度，遠快於當初上漲走勢的獲利累積速度。價格上漲過程中，只有最初購買的契約，得以享有全程獲利，這些契約的數量最少，後來購買的契約口數相對較多，後者由多頭走勢中取得的獲利也相對最少。價格下跌過程中，情況剛好相反，開始呈現損失的契約數量累積得很快。幾星期後，先前累積的獲利就完全消失了。這是因爲他的態度過於激進，不知道如何進行加碼，沒有透過妥當的資金管理計畫擴大部位。

資金管理計畫應該考慮的項目

　　擬定資金管理計畫的過程中，或許應該考慮下列內容。

知道自己允許發生多少虧損

除了要知道每筆交易所能承擔的風險之外，交易者也要知道每天所允許發生的最大損失，甚至是每星期與每個月允許發生的最大損失。只要發生這類的損失，就應該停止交易，回頭檢討交易計畫、交易策略，甚至風險計畫。

一旦虧損累積到既定的上限水準，當天就不允許繼續交易。沒錯，某些日子裡，剛開始交易時確實發生重大虧損，但最後還是扳回來了；可是，這種情況畢竟比較少見，通常在虧損累積到某種程度之後，就會每況愈下。每天的虧損上限，設定水準必須合理；水準太高，幾乎沒有發生的可能，萬一發生，可能已經傷及筋骨。反之，虧損上限也不應該設得太小，你必須讓自己有喘息的空間，有機會反敗為勝。虧損上限究竟應該設在何處，這必須由個人的經驗判斷；換言之，只要發生這種程度的虧損，當天的情緒已經受到影響，通常後續操作都會愈來愈糟。我認為風險資本的2％到5％之間，就已經算是很嚴重的虧損了。把虧損上限設定在這個範圍內，應該不至於離譜。我曾經見過交易者在一天內破產；如果設定適當的虧損上限，這種情況就不會發生。當然，你沒有必要規定自己整天都不得再交易，但至少要出脫所有的虧損部位，或者減少持股。

同理，每星期或每個月也要設定這類的虧損上限。每位交易者適用的虧損上限或許不同，但務必事先想清楚。原則上，如果損失超過風險資本的30％到50％之間，就意味著出了重大差錯，你必須停下來看看出了什麼問題。如果發生這

麼嚴重的損失，很可能不是「手氣」的問題，所以不要繼續進行交易。

千萬不要向下攤平

資金管理計畫必須明文規定「不許向下攤平」。向下攤平是指部位已經發生虧損，然後繼續擴大部位規模，嘗試壓低整體部位的單位成本。雖然向下攤平可以降低單位成本，減緩單位損失，但總損失勢必擴大；這是金融交易的第一戒律。如果發生虧損，其中必有緣故：這個部位根本不行。如果行，部位應該會賺錢，不會虧損。如果你想提早結束自己的交易生涯，向下攤平可能是最有效的辦法。就我個人的經驗來說，某些最嚴重的虧損，就是我無法說服自己已經犯錯，不斷期待那始終沒有出現的行情反轉。我沒有認賠，反而隨著價格下跌而不斷買進。若是如此，情況可能失控。

錯誤示範

某些情況下，向下攤平確實可以讓你解套；雖說如此，但向下攤平實在是非常不可取的交易行為。如果錯誤行為沒有得到應有的報應，結果反而是一種傷害，因為交易者認為將來還可以「故技重施」。總之，向下攤平是一種勝算明顯偏低的方法。

追蹤風險水準

必須透過某種方法追蹤與評估風險水準。這不只是要定期檢討資金管理計畫與風險參數，還要追蹤部位的操作情況。換言之，你不能只在部位建立之前做完整的準備工作，

部位建立之後，還要繼續追蹤。你必須留意一些狀況，舉例來說，當初建立部位的理由是否已經發生變化，部位是否應該出場，市場的價格波動率是否提高，以及其他等等。你必須定期調整未平倉部位的風險，也要定期檢討整體部位風險暴露程度的相關計畫。這些東西都不能自己照顧自己，所以交易者必須隨時留意。

首先考慮結束虧損部位

　　關於部位處理，資金管理計畫應該規定，首先結束虧損部位，並繼續持有最佳部位。很多人的做法剛好相反。當他們同時持有幾個部位，通常都先結束獲利最多的部位。他們不希望既有獲利流失，但期待虧損部位稍後有翻身的機會。這是很糟的思考模式。你應該保留最好的部位，因為它們的賺錢能力最強。部位之所以發生虧損，就是因為不行，但是為什麼還要繼續持有呢？這種說法不只適用於虧損部位，也適用於績效相對較差的部位。如果某個部位賺了5檔，另一個部位賺了40檔，後者顯然較佳；如果你想減碼，首先應該考慮績效相對較差者。

只接受風險／報酬比率合乎規定的機會

　　建立部位時，你對於行情發展應該有所預期。如果實際發展不符合預期，就應該結束部位；你對於獲利目標也應該有粗略的看法。一筆交易除非其獲利潛能與潛在虧損之間的關係合理，才應該考慮建立部位。損失的部分，通常比較容易界定，譬如：「我不允許損失超過$500；或者，只要價格跌破趨勢線，我就出場。」只要你嚴格遵守紀律，就很容易

實際認賠。可是，獲利的部分就很難處理了，你不太容易說：「這筆交易要賺$750。」說起來或許還不太困難，但做起來就不容易了。你不敢保證，你能做到你想做的。你可以把獲利目標定在$750，但實際上也許只能賺$400或$89。關於獲利目標，估計上必須切合實際。目標設定過高，不只經常會失望，部位持有時間也可能過久，結果反而轉盈為虧。雖然獲利目標的設定必須保守，但風險／報酬比率仍然必須符合一定水準。你可以把這項比率設定為1：2或1：3，但至少不可以大於1：1，否則就不要期待賺錢。如果一筆交易的下檔風險為$500，上檔獲利潛能只有$100，顯然不應該建立部位。即使這筆交易真的能夠賺錢，畢竟也屬於勝算偏低的機會，不值得冒險。

其他用途的資金

　　我通常會保留一部分資金，用在風險較高的交易，例如：選擇權。如果你打算這麼做，就必須在資金管理計畫中做適當的規定。不太難的。你只需要規定其他方面的交易配置資金，不得超過風險資本的某個百分率。甚至你可以運用這些額外的風險資本，更積極的從事一些交易。可是，一旦發生虧損，千萬不要再由風險資本提撥資金。此處所謂的其他用途資金，包括支付交易成本所需，例如：即時報價、頭痛藥或其他等等。

嚴格遵守紀律

　　關於風險參數的設定，最重要的部分就是如何嚴格遵守。即使擁有全天下最好的資金管理計畫，如果你不願遵守

也是枉然，尤其是情緒波動最大時。如果交易進行得很順利，有些人會變得貪婪，想法變得不切實際，覺得自己不需要繼續受到資金管理計畫的節制。他們希望大撈一筆，於是擴大交易部位，根本沒有想到災難就在轉角處。雖然賺錢時很容易忽略紀律規範，但虧錢時更容易，而且後果更嚴重。一旦發生虧損，有些人會產生「管他的」心理，不再理會資金管理計畫。他們覺得沒有指望了，不能接受重大的虧損，或認為只有更積極交易才可能扳回先前的損失。總之，他們眼中再也沒有紀律規範。如果你設定風險參數，就必須想辦法嚴格遵守，那你也就能繼續保持在正確的航道上。

擬定資金管理計畫

　　資金管理計畫的內容可能很精細，包括一些交易法則，例如：不可向下攤平。另外，計畫內也可以規定分批進場與分批出場的方法，例如：假定你相信某筆交易值得建立最多股數的部位，可以先買進50%的數量，如果該部位在30分鐘之後仍然有效，再買進剩下50%的股票。每個人採用的法則與方法都不盡相同，所以沒有最棒的資金管理計畫。

資金管理計畫的要點

決定風險資本的金額

　　我總共有$30,000可供交易，所以只用$15,000做為風險資本；剩下的$15,000將存放於貨幣市場基金帳戶，以防不時

之需。

決定任何單筆交易所能承擔的最大風險

　　任何單筆交易所能承擔的最大風險，不得超過風險資本$15,000的5%。換言之，如果風險資本繼續保持為$15,000，任何單筆交易承擔的風險將不超過$750。有機會的話，最好把這個水準降低為2%。

決定所有未平倉部位所能承擔的最大整體風險

　　任何時候我都不會持有超過7個以上的部位，所有未平倉部位承擔的整體風險絕對不超過風險資本的20%。如果在相關市場同時持有部位，這些部位承擔的整體最大風險不得超過風險資本的7.5%。

決定每個市場持有的最大契約口數（或股數）

　　我會編製一份表格，詳細列舉每個市場（或每支股票）所允許持有的最大契約口數（股數）。這些最大契約口數，是把每個市場所能承擔的風險金額（換言之，風險資本的5%），除以該市場的平均真實區間（ATR）。一般來說，實際交易的契約口數，都少於最大契約口數，但如果碰到勝算頗高的機會，就可以採用最大契約口數。如果真的碰到非常好的機會（換言之，風險極低而勝算極高的機會），實際交易數量可以是最大契約口數的一‧五倍。

根據風險狀況決定部位規模

　　決定每筆交易所能承擔的最大風險之後，我會運用技術

分析估計停損水準。把可允許接受的損失金額，除以停損金額，藉以決定所能夠交易的股數。如果停損金額少於可接受風險，我就會進行交易，否則就放棄。

決定可接受的風險／報酬比率

我只接受風險／報酬比率為1：3或更好的交易。一筆交易的獲利潛能不論看起來多麼好，只要判斷錯誤而發生的虧損更大，我就不可能進行這筆交易。

決定每天停止交易的虧損上限

每天的虧損只要累積到$1,500（相當於風險資本的10%），當天就停止交易。只要虧損累積到$1,000，就開始結束一些績效最差的部位，而且暫時不建立新部位。

決定何時應該調整風險參數

除非我能把每筆交易承擔風險降低為風險資本的2%，否則不更改目前的風險參數。達到前述目標之後，則每當風險資本成長20%，就會調整每筆交易所願意接受的最大風險金額。同理，如果風險資本減少20%，我也會做對應的調整。

決定重新檢討交易計畫的虧損上限

開始從事交易之後，如果虧損累積為風險資本的35%，我就會重新檢討交易系統、風險參數與交易計畫，看看自己

究竟為什麼發生虧損。

成為最佳交易者

　　如果想成為最佳交易者，就必須擬定適當的資金管理計畫，並設定相關的風險參數。不要忽略這些工作的重要性。擁有合理的風險計畫，就可以增添你在金融交易市場上的賺錢機會。首先，你必須確定自己禁得起多少風險，能夠處理哪種程度的連續虧損。所以，你必須瞭解交易的相關風險，以及你願意接受哪種程度的虧損。為了有效防範連續虧損，最好的辦法就是把半數的資本做為風險資本，保留剩下一半的資本，以防不時之需。每筆交易所承擔的最大風險，不得超過風險資本的一小部分（2%到5%之間）。設定風險參數之後，你必須決定每個市場或每類市場所可以承擔的最大風險。不要誤以為每個市場都能交易相同數量的契約口數，或每支股票都可以交易相同股數。每個市場或每支股票都有不同的風險特質，所以要花點時間琢磨它們可能造成的傷害。關於這點，你可以觀察較長時間架構上的價格真實區間；這也可以協助你設定技術上正確的停損。一旦決定每個市場能夠交易的最大契約口數之後，不妨編製一份表格，以方便查閱。你也需要考慮整體部位所能夠承擔的總風險。我建議這項總風險不要超過風險資本的30%，尤其是期貨交易。對於股票交易來說，即使你投入全部的風險資本，可能還不至於超過風險參數的規定；可是，期貨交易就必須非常謹慎，很容易就損失一大部分的風險資本。除非機會很好，否則不要

經常承擔最大的風險。雖然你一般都從事10口契約的交易，但有時只適合交易2口契約，有時則是5口或8口契約。總之，你必須根據情況調整契約口數。

　　任何可以幫助你抓牢鈔票的法則，都可以包含在資金管理計畫內。你可以列舉分批進出與加碼的相關法則。交易機會必須有合理的風險／報酬關係。報酬潛能絕對必須大於潛在風險，否則其風險／報酬關係就不適合交易。資金管理計畫可以包含很多內容，但最重要的，就是**務必要有計畫**。計畫擬定之後，必須確定能夠嚴格遵守。假定你決定某支股票的損失不得超過$5，一旦出現這種程度的損失，就必須斷然認賠，否則資金管理計畫根本沒用。缺乏紀律，絕對不能成為頂尖的交易者，所以務必嚴格遵守計畫的規範。

　　缺乏一套適當的資金管理計畫，可能引發的種種問題：
1. 沒有根據可以設定合理的目標。
2. 你必須與一些擁有周密資金管理計畫的頂尖玩家同場競爭。
3. 經常承擔過高風險。
4. 根本不知道可以擁有多少股票。
5. 讓損失持續擴大。
6. 虧損可能演變為災難。
7. 不知道如何設定停損。
8. 向下攤平。
9. 每筆交易都承擔相同風險。
10. 不知道如何加碼或分批進出。

設定風險參數與資金管理計畫應該考慮的事項：

1. 在能力允許範圍內進行交易。

2. 首先考慮防禦，其次才考慮進攻。

3. 務必侷限損失，讓獲利部位持續發展。

4. 不可動用全部的交易資本；保留半數以防不時之需。

5. 任何單筆交易承擔的風險都不可超過風險資本的5%（最好是不超過2%）。

6. 必須留意相關部位。

7. 所有未平倉部位也應該設定最高風險限制。

8. 擬定一份表格，顯示每個市場的最高部位限制。

9. 配合技術分析，藉以決定交易股數。

10. 不要永遠都承擔最高風險。

11. 每筆交易允許的最低契約口數是零。

12. 除非風險／報酬關係恰當，否則不要進行交易。

13. 設定停止交易的虧損限制。

14. 遇到連續虧損，應該減少交易量。

15. 瞭解哪些市場的價格波動較劇烈。

16. 加碼程序應該由大而小，換言之，成本愈低，數量愈多，成本愈高，數量愈小。

17. 擬定一份擴大交易規模的計畫。

18. 計畫必須合理，容易執行與遵守。

19. 不要因為輸贏而變得情緒化。

值得提醒自己的一些問題：

1. 我是否有效設定風險參數？

2. 我是否知道每個市場允許交易的契約口數？

3. 我接受的風險是否太高？

4. 我一天之內最多允許虧損多少？

5. 我是否已經損失太多了？

6. 我是否應該檢討交易計畫？

第 Ⅴ 篇

自 制

第 16 章

紀律規範：成功之鑰

擬定完整的交易計畫，設定進、出場策略與風險參數之後，成為贏家的相關步驟就大致完成了。剩下來就是如何遵守這些計畫的紀律規範了，這也是絕大多數交易者之所以失敗的地方。很多人知道怎麼做或應該怎麼做，但交易績效仍然很差，因為他們缺乏紀律，沒辦法督促自己做正確的事。雖然不斷自我承諾，絕對不再觸犯相同的錯誤，但每逢緊要關頭，還是繼續追價，承擔過高風險，不願意在預設的停損點認賠。他們想盡各種辦法提升操作技巧，廣泛汲取各種市場知識與技術分析方法；可是，除非能夠培養嚴格的紀律規範，否則交易績效仍然很難改善。

成功必須仰賴紀律規範

成為頂尖交易者，有很多技巧需要學習，但除了知道怎麼做之外，交易者還需要有足夠的紀律規範做正確的事。交易者究竟會賺錢或賠錢，其中有無限多種因素可能會造成影響。每位交易者都知道應該迅速認賠，交易頻率不要過高，

要擬定風險管理計畫，應該預做周詳的準備；可是，如果沒有嚴格的紀律規範，就無法把這一切湊合在一起而成為頂尖交易者。唯有紀律規範才能確保所有計畫都被執行；所以，紀律規範可能是交易者最需要的單一工具。交易的每個層面都需要紀律規範，交易者應該優先考慮這方面的問題。如果具備紀律規範，你所做的每件事，都可以做得更好。

　　嚴格遵守紀律規範，可以說是所有頂尖交易者的共通特色。同理，職業賭徒之所以能夠賺錢，就是因為他們都是高度遵守紀律的人。不能嚴格遵守紀律，個性草率魯莽的人，就很難在金融交易圈內發展。即使擁有很好的交易系統，如果不能嚴格遵守資金管理與風險參數的規範，仍然逃避不了虧損的命運。那些操作績效最好的人，通常也就是能夠遵守自身所擬定規範的人。本章的剩餘篇幅將討論哪些交易領域特別需要遵守規範，並協助讀者培養紀律。

等待適當時機的紀律規範

　　我想各位一定聽過，耐心是一種美德；這種說法是否也適用於金融交易呢？**耐心是指你等待技術指標給予信號，或在價格觸及趨勢線之後才進場**。這是指你等待價格突破之後又重新折返進行測試才進場。也意味著你不會因為擔心錯失機會而追價。也是指你不會因為無聊或尋求刺激而進行交易。你必須能夠靜下心來、什麼也不做，等待適當機會出現，甚至整天不進行交易。我所認識的人中，很少人做得到這點，因為他們是「交易者」，不是「旁觀者」。他們覺得如

果不進行交易，就名實不符。對於這些人來說，在場外觀望是很困難，因為他們會覺得手癢難耐。交易者就是想交易，很難等待適當機會，幾乎會來者不拒的進行任何交易。不能等待高勝算機會而急著進場的交易者，都相對缺乏紀律規範，操作績效也會受到顯著影響。優秀的交易者能夠嚴守紀律，等待市場慢慢浮現機會，因為他們知道，如果交易績效不理想，還不如乾脆不交易。那些具備耐心的人，可以在二好球無壞球之後，等到一個正中快速球。對於我來說，不要嘗試交易那些主要趨勢的修正走勢，這也是紀律規範之一。當我觀察隨機指標或通道線而想著，行情應該出現修正了。可是，我知道這些修正走勢的勝算不高，所以我會儘量避免介入。看著行情朝著你預期的方向發展而不介入，是很困難，但優秀的交易者必須辦到這點。嚴守紀律的交易者會等到價格走勢恢復到主要趨勢方向，因為這才是進場的適當機會。交易者只要學會如何等待高勝算機會出現，操作績效自然會明顯改善。

或許無聊，但確實有效

　　我有一位同事，能夠連續幾天不進行交易。他就是坐在那裡看盤，閱讀市場新聞，直到他感覺想進場為止。他培養出非常嚴格的紀律，能耐心等待他想要的機會。大家經常戲弄他，但他的操作績效往往優於我們大部分人。我每天都觀察他，當房間裡每個人都不斷喊進喊出，我不知道他如何抗拒交易的衝動。當然，他過去不是這麼自制，也曾經頻繁交易，但幾乎破產。可是，休息一段時間之後，他變得非常自制，操作績效也不可

> 同日而語。

不要過度交易

　　交易者永遠留在市場內，或經常持有過多的部位，這絕不是遵守紀律規範應有的現象。不可能永遠都有進場的正當理由或動機；有時應該在場外觀望，或減少部位與持股。這正是我最大的困擾所在。過去，我永遠都想留在場內，不論當時的市況如何。如果沒有作多，我就覺得應該放空；如果沒有能力進出5,000股，我也會儘可能建立最大的部位。如何培養紀律規範抗拒這種衝動，曾經是我面臨的最大問題。優秀的交易者應該儘量減少交易，所持有的部位數量也不宜過多，應該把大部分精力用在時效分析與控制上。我相信一位頂尖交易者通常都只專注於一、兩個市場，成為這些市場的專家。一旦持有過多的部位，操作績效就會受影響，因為你不可能同時照顧過多的部位。可是，有些人會經常投入所有的可用資金，即使市況並不適當也是如此。交易者如果擁有自律精神而願意旁觀、不經常進場、保持適當數量的部位，長期績效通常也較理想。相較於那些作風大膽激進的人，自律交易者或許沒有特別值得慶祝的大日子，但他們通常都能穩定獲利，不容易遭逢重大虧損。每天都穩定賺一點，結果將勝過經常性的大賺、大賠。

耐心發展與測試交易系統，並嚴格遵守

交易可能是一種享受，但需要很多準備工作。準備過程中，你可能需要花很多時間發展與測試交易系統。某些人認定他們擁有最好的系統，所以不需要先做適當的測試。他們或許只用幾個月的資料進行測試，但實際上需要採用三年的資料。某些人根本懶得測試，直接進行交易。如果你想成功，就需要培養紀律規範，耐心做些準備工作。系統發展與測試，可能要花幾個星期的時間，不要偷懶，不要認定系統已經夠好了。實際進場之前，如果沒有花時間準備，事後就必須花錢，因為你很快就會和你的資金說再見。

交易系統經過歷史資料測試的證明之後，還需要有嚴格的紀律遵守系統的指示。我個人還蠻具有這方面的自律能力，但有時仍然會疏忽，可能進場太頻繁，或者因為無聊而沒有適時暫停交易。如果你相信自己的交易系統確實有效，就不要三心兩意；務必嚴格遵守系統的指示，尤其是出場訊號。如果你沒有及時進場，只不過是錯失機會而已；如果你已經進場而忽略停損點，那就是自找麻煩了。假定出場訊號包括價格跌破趨勢線；那麼，每次只要出現這種現象，你就必須出場，而不是當你覺得心血來潮才出場。

嚴格遵守交易法則

頂尖交易者都有一些必須嚴格遵守的交易法則。這些法則通常都是由自己或別人的經驗彙整而來，例如：迅速認賠。我把這些法則貼在兩部電腦螢幕邊，距離鼻

子大約20公分遠。當然，把這些法則貼在眼前是一回事，實際嚴格遵守又是另一回事。我很清楚自己的習慣，每當遇到嚴重損失，經常會忘掉交易法則，這正是我需要特別注意的時候。我必須認知這點，然後想辦法回到正軌上。所以，每當我陷入不正常的虧損狀態，就會暫停交易，到外面走一走，喝點飲料。回來之後，把交易法則重新看一次，然後觀察手中的部位，進行調整；結果，通常我會因此結束所有的部位。如果我的交易狀況真的非常糟，大多是因為我忽略了前述步驟。無時無刻嚴格遵守交易法則，這或許不容易；可是，如果你真的擁有一組很好的法則，除非你願意遵守，否則一點用途也沒有。

以下是我貼在電腦螢幕上的法則：

﹡嚴格遵守下列法則。

﹡儘量減少交易次數，慎重篩選每筆交易。

﹡每天開盤之初，交易量不要太大，直到我能判斷當天的趨勢發展為止。

﹡沒有必要建立最大規模的部位。

﹡部位建立30分鐘之後，如果仍然處於虧損狀態，認賠出場。

﹡每筆交易都必須有理由。

﹡尋找較佳的進場點；首先要觀察走勢圖。

﹡不要針對消息面進行交易。

﹡如果隨機指標已經接近嚴重超買讀數，不要買進。

﹡等待折返走勢。

* 價格下跌才是買進機會。
* 首先拋掉虧損部位。
* 股票儘量順著趨勢發展方向進行交易，不要自以為聰明。
* 侷限虧損，儘速認賠。
* 在45分鐘內，結束操作不佳的部位。
* 像專業玩家一樣思考。
* 避免發生重大虧損。
* 在較高時間架構上觀察行情發展。
* 預先設定停損。
* 操作非常不順手時，暫停交易。
* 願意接受一筆交易已經發生虧損的事實。
* 分批進出。
* 避開那些曾經造成嚴重傷害的個別股票。
* 沒有必要賺取最後一分錢。
* 如果交易已經結束，那就出場。
* 不要像賭徒一樣。
* 不要追價。
* 不要進行愚蠢的交易。

　　每個法則都針對我的某些缺點：交易過度頻繁、時效、認賠等。如果能夠控制這些缺失，我的表現就比較好。我發現表現特別差的日子裡，交易量平均是正常水準的三倍。理由很明顯，因為我急著想扳回損失，於是更頻繁的交易，買進股數變得更多，同時建立更多部位。這是很難控制的衝動，但我必須做到。如同下一章將詳細解釋的，每天的交易

結果不一定要獲利。忘掉這些操作不順利的日子；將來一定可以彌補回來。沒有必要急著扳回，否則只會徒增困擾，讓「不順利」變成「非常不順利」。如果變成「非常不順利」，那就很難彌補了；所以，務必小心。

嚴格遵守交易計畫與行動計畫

關於這點，除了確定要有交易計畫之外，沒有什麼值得特別可說的。交易計畫與行動計畫可能要花點時間處理，但沒有這些計畫，你就會處在很不利的地位。某些人寧可實際進行交易，也不願從事交易之前的準備。他們沒有耐心建立一套長期的交易計畫與每天的行動計畫。他們覺得自己曉得要做什麼，所以沒有必要浪費時間擬定計畫。可是，沒有根據計畫進行交易，通常也就沒有紀律規範。我大概花了五年的時間才培養足夠的紀律規範，從此不在沒有計畫的情況下進行交易。各位知道我是如何辦到的嗎？因為我要籌措交易的資金。準備一套非常周全的交易計畫之後，就很容易募款了。正如同任何計畫一樣，除非你願意嚴格遵守，否則再好的計畫也沒用。

培養紀律規範，交易必須預做準備

每天晚上都要檢討當天的操作，並準備隔天的交易。交易不只是9:30到4:00（或其他開盤時段）的工作。優秀的交易者，應該有嚴格的規範，必須在收盤之後與開盤之前做些

必要的工作；換言之，晚上必須檢討當天的交易狀況，評估當時的未平倉部位，計畫隔天的操作方針。早上開盤之前，應該把當天的計畫再瀏覽一遍，翻閱走勢圖與當天的新聞，看看有沒有什麼值得注意之處。如果你還沒有這樣安排，那就要每天晚上騰出一些時間研究行情，分析走勢圖，規劃隔天的交易策略。建立部位之前，必須徹底弄清楚價格走勢圖在每個時間架構上的發展，標示重要的支撐_壓力、趨勢線、突破點、停損等等。在每個時間架構上進行這些分析確實很耗費時間，但可以讓你更清楚行情的發展，也能讓你成為最佳交易者。

在我所認識的交易者身上，發現表現最好的人，通常也是工作態度最認真的人；他們最晚離開、最早來到辦公室。生活狀況很穩定，相信金融交易是一生的事業。不會抱著輕忽的態度，隨時都會想盡辦法爭取成功。每天都閱讀《華爾街日報》、《投資人經濟日報》與相關書籍雜誌。不會放棄任何足以增添勝算的東西。會培養必要的紀律規範，並因此而獲得報償。某些人在開盤前3分鐘才到辦公室，甚至來不及脫掉夾克，收盤之後又立即想離開，都會得到應該得到的東西。即使能夠賺錢，但只要有更嚴格的規範，他們原本可以更成功的。

嚴格遵守資金管理計畫

讓我告訴各位一些我過去經常發生的問題。當時，我的帳戶規模很小，但我會針對小額資本擬定很好的資金管理計

畫。整個交易態度很保守，除非風險很低，我才會進場交易，而且部位規模都不大。可是，開始賺錢之後，腦海裡的資金管理計畫就慢慢消失了。於是，我在太多市場同時建立太大部位，不知不覺之間，部位所承擔的風險已經是過去的五倍，但帳戶資本只增加一倍而已。在這種情形下，沒有多久就玩完了。我沒有足夠的紀律規範遵守資金管理計畫，結果也付出了代價。

不論賺錢或賠錢，交易者都必須有嚴格的紀律，切實遵守資金管理計畫。在金融交易市場上，連續虧損是很正常的現象；沒有必要反應過度，也不需覺得氣餒；只要嚴格遵守計畫，確實降低交易規模。連續獲利也不可影響既有的紀律，不要因此而覺得自己很了不起；務必按照既有計畫行事，不要亂了步調。如果你願意花時間設定風險參數，就必須嚴格遵守其規範，否則一點意義也沒有。

務必遵守停損的規範

交易者必須學習如何侷限損失，包括每筆交易、每天與整體帳戶的損失在內。如果不能辦到這點，最終會遇到非常嚴重的虧損，甚至造成帳戶破產。在資金管理計畫內設定這些規範並不困難，問題是你是否能夠確實執行。你不能隨意設定一些數字做為限制；你必須坐下來仔細思考，盤算自己的資本究竟能夠承擔多大風險。你的結論可能是：每筆交易頂多損失$1,000，一天頂多損失$2,000，如果虧損累積達$20,000，就停止交易一個星期。資本規模愈小，愈需要遵守

這方面規範，因爲小額交易者最容易破產。很多小額交易者
認爲，他們的資本規模太小，無法採用資金管理計畫，所以
乾脆不理會。請注意，資金管理計畫適用於任何交易者，不
論是小額或大額交易者。

嚴格遵守出場規範

不論獲利或虧損，只要市況符合出場條件，就應該斷然
出場，這是成功的關鍵因素之一。不要只因爲想出場而出
場；務必設定出場的法則，否則你會經常因爲莫名其妙的理
由而出場。缺乏明確的出場法則，絕非好現象，因爲情況已
經失控。在你進場之前，就必須設定出場的目標或法則，然
後嚴格遵守。部位結束之後，沒有必要再回顧，或說些「假
如」的事。沒錯，行情可能繼續發展，但已經不重要。重要
的是，你在應該出場時，能夠秉持嚴格紀律而斷然出場。隨
後發生的事，已經沒有意義。很多情況下，你可能因爲1、2
檔而錯失出場機會，結果就慘遭套牢。你可能看著價格朝反
方向跳動20檔，只因爲你沒有在應該出場的時候斷然出場。
應該出場就出場，不要貪心。雖然有時部位預先設定出場目
標，可是，當價格逼近該目標時，又取消當初設定的交易指
令。除非有明確的理由，否則不要更改當初設定的交易指
令。

採用停止單結束部位，可以協助培養出場的紀律。每筆
交易都必須預先設定停損水準。不論是心理或實際停損，每
筆交易都應該考慮最糟發展情節。沒有人喜歡預先盤算虧

損，所以很多人根本不設定停損。可是，他們應該培養這種習慣，預先思考行情萬一出現不利走勢的認賠價位。當然，如果真的發生這種狀況，還必須有嚴格紀律斷然出場認賠。你應該不斷提醒自己：些許虧損是可以接受的，你不需每筆交易都賺錢，虧損是金融交易不可避免的一部分。

應該出場就出場，不要找些藉口繼續留在場內。如果你覺得自己仍然缺乏這方面的紀律，不妨把預定的出場點告訴經紀人，由他全權處理。

讓獲利部位繼續發展

交易者也應該培養紀律，讓獲利部位能夠繼續發展。對於這類部位，必須克服「見好就收」的衝動。每位交易者都希望逮到大行情，但先決條件就是要讓獲利部位繼續發展。如果你經常過早獲利了結，長期而言，恐怕很難成功。即使你無法長時間持有獲利部位，至少要確定一點，獲利交易的平均獲利，必須超過虧損交易的平均虧損。如果情況剛好相反，這類交易者顯然就不適合留在金融市場。

檢討錯誤的自律精神

每個人都會犯錯，這是學習程序的一部分。可是，交易者如何處理錯誤經驗，卻是成敗的分野。一位具有自律精神的交易者，會想盡辦法從錯誤中學習；不像大多數交易者一樣，想盡辦法迴避錯誤的經驗。交易者應該花時間檢討自己

的交易與操作績效，然後想辦法改善。交易日誌是最有效的辦法之一。這種辦法或許很花時間，但交易者如果能夠培養記錄交易日誌的習慣，就比較有機會成功，因為他們不會重複犯錯——但願如此。除非你知道自己的問題所在，否則就不能改正。

控制情緒

　　成功的交易者通常都知道如何控制自己的情緒。他們有足夠的自律精神，不會搥胸頓足，不會怨天尤人，不會炫耀自己的成功。對於虧損，他們會自己承擔責任，不會歸咎他人。脾氣暴躁的人，很容易動怒，覺得市場總是與他過不去，顯然這不是成功的條件之一。交易過程中，我幾乎全然沒有情緒，尤其是當嚴重虧損時。我不會口中念念有詞，也不會讓其他人知道虧損的嚴重程度。更不會用力拍打鍵盤，或詛咒造市者。對於我來說，這是很自然的，但有些人就必須仰賴自制了。情緒不能解決任何問題，而且會讓你看起來很傻。如果你是在家裡從事交易，或許沒有人會看到你，但情緒化到底不是交易過程應該出現的東西。除了憤怒與炫耀之外，還有很多情緒是交易者應該避免的，例如：貪婪、恐懼、期待、報復、過度自信等，本書稍後還更深入討論這方面的問題。

關於紀律規範

　　缺乏紀律規範，這是交易者邁向成功的最大障礙，也是最難以克服的障礙。我發現，**「如何自律」**是每天必須花最多精神處理的問題。我非常清楚應該如何進行交易，知道應該做什麼，也知道不應該做什麼。可是，只要精神稍微鬆懈，很容易就會過度交易，或虧損部位持有過久。我必須想辦法保持自制，這完全是紀律規範的問題。保持自制是一種持續性的工作，因為紀律規範可能影響交易的每個層面。

　　不論你的弱點何在，只是「知道」並不夠，還必須想辦法解決。如果你想成為自律的交易者，最好的學習程序是把自己的缺點列舉成一份清單。然後，挑選最容易解決的問題先處理。由最容易的問題著手，可以協助你建立信心，相信自己可以解決任何問題。就我個人而言，經常會讓虧損部位拖得太久，所以我規定部位一旦呈現虧損，就必須在45分鐘內結束。這很容易處理，因為我的交易軟體可以提供必要的資訊，只要稍微留意就可以了。經過45分鐘之後，如果部位仍然不能反虧為盈，我就出場。我還要繼續學習如何更快結束虧損部位，但這個問題可以延後處理。雖然這只是培養自律精神的一小步驟，不過卻是很重要的步驟。

　　如何學習自律，可以說是交易者最艱鉅的工作之一，但為了追求成功，也是不容忽略的工作。有些人天生就有自律精神，另一些人則沒有，只要你決心克服這方面的問題，而且認真做，絕對能夠成功。我不認為紀律規範是書本能夠傳

授的知識之一，但讀者至少可以察覺這個問題，然後認真處理。有些人天生就非常能夠自律，例如：運動選手、演奏家、好學生、職業賭徒等。具有這方面條件的人，能夠投入所需要投入的時間，然後成為相關領域內的頂尖份子。如果他們是交易者，也就是頂尖的交易者。另一些人則必須強制自己擬定交易計畫與行動計畫，再強制自己嚴格遵守計畫。他們必須把交易法則的清單貼在眼前，時時提醒自己嚴格遵守。紀律規範並不屬於交易特有範疇，而是屬於個人領域內的問題，所以從其他角度探討，或許更有幫助。某些交易者尋找心理分析師或催眠專家來協助解決自律問題。不論採用哪種方法，你都必須面對這個問題，想辦法培養嚴格的紀律規範，否則很難有效提升交易績效。前述討論只涉及非常膚淺的層面，紀律規範對於交易行為的影響非常重大，可能影響每個細節，絕對不可忽略。

撲克賭局：我如何學習自律精神

撲克賭局幫助我克服交易過度頻繁的問題，也協助我培養應有的紀律規範。過去我經常參加撲克賭局，我玩撲克的方式就如同交易一樣，每把牌都會跟到底，期待會出現神奇的牌張，或想辦法把別人唬出局。我透過撲克尋求刺激，想要大贏，所以我很少蓋牌。當我決心處理交易的紀律規範問題之後，我在撲克賭桌上的態度也有了變化，我開始追求「勝利」而不是「好玩」。換言之，我開始遵循過去很少理會的撲克法則。開始學習很快蓋牌了，只要開局的牌張關係不是很好，我經常就會提早出局。唯有勝率高於跟進賭金與桌上籌碼的比率，

> 我才會跟進。舉例來說，如果跟進$10賭金而能夠贏進$80彩金，但取得致勝牌張的機率只有11：1，那就不該跟進。這把牌如果要跟進，彩頭至少要是$110。由於我經常提前蓋牌，所以撲克賭局變得相當無趣，不過我通常都是贏家。我發現這種耐心等待勝算偏高的機會，也同樣適用於金融交易，於是慢慢改變自己的交易風格。

成為最佳交易者

　　如果想成為最佳交易者，就必須培養紀律規範，做一些應該做的事。知道如何進行交易是一回事，實際執行又是另一回事。一位優秀的交易者必須具備紀律規範，換言之，必須在市場開盤之前做好應有的準備工作，清楚每筆交易進行的根本理由。一位自律的交易者不會隨意進場，他會耐心等待適當的機會出現，不會草率行事。他會擬定交易計畫，利用歷史價格資料測試交易系統，設定穩當的風險參數，而且嚴格執行。完全按照交易計畫行事，有時確實很困難，但優秀的交易者就能辦到。在必要的情況下，斷然認賠，讓獲利部位繼續發展，這都需要紀律規範的配合。很多交易者的做法剛好相反，他們無法迅速認賠，看到部位稍有獲利就按捺不住興奮之情而了結出場。如何克制情緒，是交易者經常忽略的事項，但對於操作績效有不尋常的影響。情緒會左右交易者的冷靜判斷能力，所以要想辦法克服情緒。身為交易者，我認為要有一組交易法則可供依循。這套交易法則最好要擺在眼睛隨時看見的地方，以便時時提醒自己。每當你發現自己好像要脫軌時，就可以訴諸交易法則，鞭策自己回到

正軌。培養紀律規範確實是一件不容易完成的工作，但如果你有自律方面的問題，就必須想辦法克服，因為這幾乎是交易成功的必要條件。

缺乏交易紀律可能造成的傷害：

1. 無法遵循正確的交易法則。
2. 交易過度頻繁。
3. 精神不集中。
4. 進場位置不當。
5. 追　價。
6. 不耐等待高勝算的機會。
7. 嘗試在波動劇烈的行情中火中取栗。
8. 逆勢交易。
9. 沒有行動計畫。
10. 對於行情發展缺乏適當的因應對策。
11. 不受風險參數的節制。
12. 情緒不受節制。
13. 沒有能力認賠。
14. 無法讓獲利部位繼續發展。
15. 缺乏專業素養。

如何成為更有紀律的交易者：

1. 把交易當成一種事業經營。
2. 讓別人監督你保持在正軌上。
3. 檢討交易。
4. 設定合理的交易目標。

5. 先處理容易處理的問題。

6. 檢討操作績效。

7. 編寫一份交易法則，放在隨時看得見的地方。

8. 擬定交易計畫。

9. 擬定行動計畫。

10. 準備一套可供遵循的交易策略。

11. 每筆交易進場之前問自己：「這是否是一筆該做的交易？」。

12. 做好準備工作。

13. 積極改進。

14. 積極自我催眠。

15. 放手進行。

值得提醒自己的一些問題：

1. 我是否具備紀律規範？

2. 我是否是自律的交易者？

3. 我是否努力做好成功必要的工作？

4. 我是否切實遵循交易法則與交易計畫？

5. 我是否會追價？

6. 我是否經常觸犯相同的錯誤？

第 17 章

過度交易的威脅

更謹慎篩選

某些人認為，交易愈頻繁，成功的機率愈高。只要交易的次數夠多，最後就會抓到真正的好機會，所以必須隨時隨地留在市場內，否則根本沒有機會。另一些人認為，不斷的進出，不斷的賺些蠅頭小利，最後還是能聚少成多。這些看法都不對。**過度交易是一種致命的行為**。交易者必須瞭解，唯有培養自律精神才可能成功。交易的最重要自律精神，就是要更謹慎篩選機會，不要無時無刻進場交易。缺乏這種自律精神，交易會變得隨心所欲，無法自制。市場開盤時段內，交易者隨時都可能出現進場的衝動，他們對於這些機會通常都不能做徹底研究，也沒有時間分析風險／報酬關係。過度交易通常都源自於一時興起、無聊、受到新聞事件刺激、急於扳平先前的損失，或聽到其他交易者的耳語。這類交易有時或許可以獲利，但虧損的時候居多。為什麼？因為沒有適當的計畫，沒有預先設定出場點，缺乏適當的風險考量。就我個人的經驗與觀察其他人交易的結果判斷，過度

交易絕對是有害無益的。頂尖交易者都是那些更擅長精挑細選的行家。

　　那些經常進場交易的人，如果無法準備適當的計畫，絕對會降低勝算。如果你想成爲頂尖的玩家，必須具備耐心，能夠克制衝動而在場外觀察，等待最好的機會。所有交易者當中，大約有90％最終都會賠錢，所以交易的頻率愈低，成功的機會愈高。如果把總交易筆數減少爲零，最起碼還可以保持不贏不賠，顯然勝過絕大多數交易者的績效。統計數據告訴我們，一般交易者在決定進場進行第一筆交易的同時，其帳戶繼續保持不賺不賠的機率就劇減，而且每多進行一筆交易，賠錢的機率就愈來愈大。

交易成本不便宜

　　交易成本可以說是反對過度交易的最佳論證。不論從事哪個行業，爲了要擴大獲利，都必須儘量節省成本，金融交易的情況也不例外。每當你進行一筆交易，就會發生交易成本（滑移價差與佣金費用），這對於操作結果會直接造成負面影響。交易的次數愈多，成本也愈高，獲利的勝算也愈低。如果你想長期留在金融市場上，絕對要想辦法降低交易成本，最簡單的辦法就是減少交易次數。

佣金與滑移價差

　　初學者務必要記住一點，任何一筆交易——不論盈虧或持平——都會讓你支付一些成本。**交易者必須支付佣金與相**

關規費，而且大多數交易也會出現一些滑移價差；所以，交易愈頻繁，就處在愈不利的地位。雖然佣金是從事交易無法避免的費用，但還是不該太隨便，因為交易帳戶可能因此而受到傷害。舉例來說，假定在提供全套服務的經紀商開戶（來回一趟的佣金費率介於$35到$100之間），開戶資本為$5,000，每筆交易支付$50的佣金。只要100筆交易，整個帳戶資本就要完全用來支付佣金費用，而且100筆交易並不需要花費多久時間。假定每筆交易都剛好能夠持平（不考慮佣金費用），每天進行2筆交易，每次1口契約。在這種情況下，只要不到兩個月的時間，帳戶資本就耗盡了。如果每次交易多口契約，那就更快了。請注意，商品交易不同於股票，**股票佣金是以每筆交易為基礎**，不論你一次買進100股或500股，佣金費用都相同，**但商品交易是以契約口數為基礎**，如果每次進出多口契約，佣金費用就非常驚人了。每次進出5口契約，佣金費用就高達$250，經紀人顯然會很高興。如果進行價差交易，不論是跨市或相同市場不同月份契約的價差交易，多空部位都必須分別計算佣金，所以佣金費用累積快速。交易者務必謹慎，不要聽從經紀人的意見而成為佣金製造者，價差交易就是很典型的例子。雖然價差交易可以降低風險，但涉及兩筆佣金費用，這類交易相當於輸在起跑線上。

讓我舉一個例子說明佣金對於操作績效的影響。我認識一位經紀人，他收取的佣金是來回一趟$69加上規費。某位客戶的起始交易資本為$10,000。這位客戶與經紀人的態度都很積極，剛開始交易，手氣非常順暢。最初兩個月，交易帳

戶大幅成長，淨額超過$30,000。表面上看起來，這是很不錯的200%報酬率，但更可怕的是該帳戶在短短兩個月時間內，創造超過$25,000的佣金。這位客戶只看到$20,000的淨利，但帳戶的總獲利實際超過$45,000。他不知道自己的佣金成本有多高；只是很高興賺錢了。他們所進行的每筆交易，通常都是3口、5口、6口或10口契約，經常同時介入許多不同市場，並且總是翻轉部位（由空翻多或由多翻空）而始終留在場內。第三個月的情況就截然不同了。他們開始出現一些虧損，由於交易規模持續擴大，兩個星期內就損失了$25,000。在佣金與虧損的雙重侵蝕下，帳戶淨值由$30,000下降到不足$5,000。事實上，如果不考慮交易成本，整個帳戶應該仍是獲利，帳戶之所以發生虧損，完全是因爲支付過高佣金，以及交易過度頻繁。這對於交易者本身構成傷害，但經紀人等於是進補。如果交易的態度保守一點，即使發生相同的虧損，經紀人也不至於賺大錢。

降低佣金成本的最直接辦法，就是採用折扣經紀商。可是，即使是折扣經紀商，來回一趟的佣金大約仍然是$12到$15，一位進出還算頻繁的交易者，如果不小心，很可能在一、兩個月內就耗掉$5,000。當初我還在擔任場內交易員期間，佣金只不過是來回一趟$1.50加少許規費（會員市場）或$12（非會員市場），但每天的佣金還是會累積超過$1,000。我當時的帳戶規模大約在$25,000到$35,000之間，3、4%的佣金費用實在是太高了。每天支付這麼偏高的費用，對於帳戶顯然是嚴重的負擔。

對於交易者來說，唯一值得安慰的，是佣金費率不斷下降，但不論佣金降到多便宜，畢竟還是很可怕的負擔。判斷行情發展方向，其本身已經夠困難了，再加上佣金與規費的負擔，就不難瞭解為何大多數交易者最後都逃不了失敗的命運。不論你支付多低的佣金，還要繼續想辦法降低佣金。經紀人都不希望丟掉生意，如果發現你可能轉移帳戶，佣金費率通常還是蠻有彈性的，除非你每個月只交易一次。

滑移價差對於交易績效也有重大影響；**滑移價差是指你下單到成交之間的價格變動**，也包括買進與賣出報價之間的差價。交易系統測試過程中，如果沒有考慮滑移價差，一旦用於實際交易，結果可能截然不同。滑移價差與佣金的性質不同，佣金是預知的，但滑移價差會隨著市況不斷變動。我們無法預先估計滑移價差的程度，但影響絕對不可輕估。

同時考慮佣金與滑移價差，很容易就看出交易的成本有多麼可觀。一般的交易者只要進出稍微頻繁一點，帳戶淨值很可能就會受到交易行為本身的嚴重傷害。如果某位交易者按照市價買進1口原油契約，合理價格是32.25，成交價格卻是33.28，再加上$35的佣金與規費，使得行情至少必須上漲10點，這筆交易才能打平。姑且不論交易盈虧，但這10美分的成本，經過長期累積之後，將構成致命的影響。如果交易獲利，這些成本將由獲利中扣除，如果虧損，這些成本等於是雪上加霜。年底結算時，如果每筆交易平均能夠賺10美分，交易者說不定就很滿意了，但這10美分不正是每筆交易不論輸贏所支付的成本嗎？一旦瞭解交易的成本有多麼高之

後，或許交易者就會更謹慎一些，只要儘量避免進場，就能保障珍貴的資本。交易者最需要重視的，不是如何賺錢，而是如何避免發生虧損。成功最後都會到來，但你必須在場才有機會掌握成功的果實。交易者只要看看帳戶報表，通常都會訝異自己所支付的佣金竟然如此可觀。金融交易的成本確實不便宜，所以交易者必須想辦法減少交易頻率，更精挑細選一點。

場內交易員享有的優勢

　　透過自己帳戶從事交易的場內交易員，稱為當事交易員，他們享有一般交易者無法想像的優勢。不幸的，這些優勢有一大部分是由一般交易者提供。首先，當事交易員可以按照買進報價買進或按照賣出報價賣出，在某種意義層面上，他們享有滑移價差的收入。由於當事交易員隨時都願意進場，所以能夠提供市場所需要的流動性。提供這方面的服務，所取得的對應報酬就是讓一般交易者支付買、賣報價之間的差價。當事交易員享有的第二項優勢，是每筆交易的佣金不到1美元。即使相較於折扣經紀商收取的佣金，其佣金成本也只不過是其十分之一。當事交易員建立部位之後，可以立即認賠，幾乎不需要擔心佣金的問題。行情只要朝有利方向跳動1檔，部位就可以獲利，主要就是因為佣金很低，而且不需支付買、賣報價之間的差價。對於一般交易者來說，行情至少要出現7檔的跳動，部位才可能獲利。另外，當事交易員還知道大家在做什麼；他們知道大單子是否進場，也知道行情究竟是由機構法人、當事交易員或一般

散戶推動。他們週遭都是一些優秀的玩家，非常清楚精明資金的動向。

可是，在場內進行交易，這種權利也必須支付昂貴的代價。當事交易員必須負擔大額的固定費用。他們必須購買席位，某些大型市場的席位價格可能高達$50萬，如果租借席位，每個月的費用也高達$5,000到$8,000。至於某些小交易所，例如：棉花交易所，席位價格還不到$75,000，但這些交易所的成交量與機會都不能與大型交易所相提並論。雖然席位價格昂貴，不過仍然是值得。成功的當事交易員，其進出數量非常可觀，因為交易量愈大，固定費用的平均成本也就愈低。一般當事交易員可能每天進出數百筆交易，而每筆交易只需要賺1、2檔。一般散戶不具備類似的條件，不能從事類似的短線交易；所以，只能更謹慎挑選交易機會。

保持專注

同時在不同市場建立部位，確實能夠降低風險；可是請注意，專業交易者通常都只在單一市場或少數幾個市場進行交易。雖然大型機構的投資組合都強調分散風險，幾乎在每個市場都進行交易，但通常都是由不同交易者分別處理不同的市場。負責能源市場的交易者，通常不從事穀物交易；可可交易者不知道、也不想知道棉花的行情。操作半導體類股的交易者，完全不介入藥品類股。真正頂尖的交易者，甚至不願介入其他類似市場。舉例來說，原油交易者可能不願介入熱燃油，他把所有的注意力都擺在原油市場。某些場內交

易員的情況也是如此，雖然其席位可以從事所有的能源交易，但他們通常只會固定出現在某特定交易塹，不會到處跑來跑去。如同機構交易者一樣，只專注於特定市場，成為該市場的專家。在這種情況下，他們才能知道市場的每個細節變化。徹底瞭解自己的市場，也是這些市場的頂尖玩家。

所謂的進出過度頻繁，通常是指進出的頻率過高，但也包括那些同時在許多不同市場進出的人。他們認為每個市場都有賺錢的機會，如果能夠同時掌握這些機會，獲利自然可以提升數倍。這些交易者同時追蹤很多市場，由可可到歐洲美元。電腦螢幕上顯示二十個市場的報價與走勢圖。沒錯！走勢圖就是走勢圖，適用於某個市場的價格型態，通常也適用於其他市場，但這種邏輯推演到某種程度之後，邊際報酬就會持續降低。同時交易數個市場，就很難保持精神集中。只要看到適當的機會，進場是很容易的，問題是如何同時照顧多個市場的部位，而且在適當時機出場。

過去，我曾經在一天之內進出十五個不同市場，而且同時在這些市場持有未平倉部位。當一切都順利時，結果確實不錯，但通常都不是如此，因為你不太可能同時照顧十五個市場，所以虧損也就成為常態。同時持有太多部位，很容易讓獲利部位轉盈為虧，讓虧損部位演變為災難。如果只專注於處理一、兩個市場，你很容易及時認賠。由某個角度思考，同時持有十五個市場的部位，確實可以分散風險，但萬一這十五個部位都進行得不順利，就會完全失控了。碰到這種情況，通常很難認賠，因為整體損失非常嚴重；所以，我

只能聽天由命，期待某些部位能夠起死回生，或由稍有獲利或虧損最少的部位先出場，然後看著虧損較嚴重的部位逐漸吞噬希望。總之，在這種情形下，我已經不再受資金管理法則節制，讓自己陷入難以脫身的黑洞。反之，一切都順利的情況很少發生，因為這類交易通常都會過早獲利了結，根本不允許有重大收穫的可能性。

交易者應該儘量讓一切保持單純，不要期待自己能夠同時掌握每個市場的賺錢機會。不要理會其他市場，讓自己成為少數一、兩個市場的專家。專注於少數幾個市場，比較容易掌握適當的進場與出場點，風險也比較容易控制。

除非採用較長期的交易，或採用特定數量的停損，而且資本充裕，才能同時在幾個市場進行交易，例如：商品交易顧問與基金經理人。他們採用的交易系統可以提供明確的進、出場訊號，部位的持有時間都至少是幾個星期。部位持有時間愈長，愈沒有必要每天都做準備，也愈沒有必要關心每檔價格跳動。

過度交易的理由

瞭解每筆交易造成的可觀佣金與滑移價差成本，我們就很容易瞭解過度交易為什麼會經常導致虧損。有了這方面的認識之後，不妨讓我們討論人們之所以過度交易的理由，然後探討如何防範這種足以致命的交易行為。人們之所以過度交易，原因不一而足，大體上可以分為兩類。**第一類屬於情**

緒性決策，主要是受到恐懼、貪婪、追求刺激等情緒的主導。有些人只是爲了想要交易而不斷進行交易，這種現象經常發生在當日沖銷者的身上。某些人就是不能控制交易的衝動。他們認爲如果不隨時持有部位，就可能錯失機會或不能充分掌握機會。如果在場外觀望，他們就會覺得渾身不自在。有些人過度交易是爲了追求刺激，有些人是爲了扳平先前的損失。導致過度交易的**第二種力量**，與交易者本身比較無關，而**是交易環境的問題**。舉例來說，網際網路交易、行情波動轉劇、或經紀人不斷鼓吹，都可能促成過度交易。當然，情緒仍然是造成過度交易的因素之一，但相較於環境因素，情緒已經變得比較次要。雖然造成過度交易的表面原因很多，但根本原因只有一個：缺乏紀律規範，不能嚴格遵循交易計畫。

情緒性的過度交易

爲了追求刺激而交易：行動狂

　　某些交易者認爲，他們必須隨時隨地都留在市場內。他們希望永遠持有部位，隨時都準備進場。只要有錢，就會儘量運用。每當結束一個部位，通常都會建立反向的部位，完全不打算暫時退場等待更適當的機會。我稱這些人爲行動狂，因爲只要不持有部位，他們就會渾身不自在，就像犯了毒癮一樣。只有進場交易，才能稍解飢渴，但這只能暫時舒緩毒癮而已，因爲他們必須持續採取行動。對於這些人來說，他們寧可交易虧損，也不願留在場外觀望。當然，他們

也想賺錢，但更重要的是追求刺激。某些人真的喜歡那種採取行動的刺激感覺，不論盈虧都一樣，他們不甘寂寞，不願留在場邊，甚至不願意單純的持有獲利部位。每當建立部位之後，他們覺得最重要的部分已經完成，接下來就是尋找下一筆交易機會，進行次一個挑戰。基於情緒上的需要，他們希望追求每個機會，唯有市場收盤之後，心情才能放鬆。

這些年下來，我發現最重要的交易決策，都是完成於市場收盤之後。沒錯，市場開盤之後，對於行情走勢與情況變動，交易者必須迅速反應，但所有的準備工作都應該在前一天晚上完成。交易者應該事先擬妥行動計畫，才能針對各種可能發展情節採取適當的因應行動。在這種情況下，只要發生機會，交易者就能採取事先設定的行動，而不是追求刺激。

我也曾經是標準的行動狂，我永遠都在找新的交易機會，而不是處理我已經擁有的部位。我經常坐在電腦前面，不斷搜尋每個市場的機會。我會開始翻閱走勢圖：「哇！黃豆走勢已經見底了，現在適合買進。」然後，拿起電話，買進5口黃豆契約。根本懶得進一步研究，沒有分析該部位的風險／報酬關係，甚至懶得翻閱60分鐘或日線圖，更別說艾略特波浪分析了。我不想錯失機會，不想手上空空，不想讓資本放在帳戶內浪費。建立黃豆部位之後，我又開始尋找其他交易機會，可能基於相同理由買進日圓。很快的，我已經建立十二個莫名其妙的部位，但都沒有非常明確的理由。同時持有太多部位，經常讓我部位虧損失控，因為我根本不可

能同時照顧這麼多的部位。雖然晚上我也會做些準備工作，但整個注意力在市場開盤之後，就會被某些走勢吸引，然後迫不及待的採取行動。

　　除了行動狂之外，還有些人認爲，不交易似乎是一種罪惡。我有幾個客戶，每天都會打電話進來問，有沒有什麼適合進行交易的。如果我告訴他們，黃豆看起來不錯，他們可能說：「好吧！買一點，但不要讓我賠太多，在你認爲適當的位置幫我停損出場。」他們對於行情不十分注意，但希望擁有部位，因爲這就有賺錢的機會。另一些人，我想可能是無聊吧，總想和經紀人聊上幾句。他們並不仰賴交易賺錢，只是希望有一些值得抱怨的事。這些人也是基於刺激而進行交易，而且非常能夠接受虧損。這些經驗往往成爲高爾夫球場上的閒聊話題，告訴球友們，他如何在黃豆或豬腩市場遭到屠殺，或他如何大膽的持有虧損高達$12,000的部位，最後還能解套出場。就像戰爭或軍中故事一樣，他們覺得這些刺激經驗值得用虧損來換取。

　　交易者最難學習的東西，就是不知如何克制進場的衝動。任何人只要是基於刺激而從事交易，就不太可能成爲優秀的交易者。如果交易是爲了滿足某方面的需要，態度就會變得草率，無法深入研究。當然，這類交易偶爾也能獲利，但絕對不是正確的交易，長期勝算也不高。

像個生意人一樣

我在第2章曾經提到，交易者應該把交易當成事業看待。生意人不會急著做決定，他會仔細考慮各種可行方案。交易者也應該透過相同方式擬定決策，不要著急。交易者之所以進行交易，目的是為了賺錢，這是最根本的目標。他的所有行為，都是為了達成賺錢的目標；承擔不必要的風險，絕對不符合企業經營計畫。如果交易者搞不清楚交易究竟是一種事業，還是一種追求刺激的工具，他就是賭徒，不是專業玩家。不幸的，某些人迷失於交易的快感中，不知道如何提升自己成為最佳交易者。只要你把交易當成一種事業來看待，就會變得比較客觀，獲利也會變得更穩定。

害怕錯失機會

人們基於不同理由而過度交易，每個人都有自己的動機。就我來說，我比較擔心錯失機會，而不是為了追求交易的刺激。如果咖啡或活牛出現大行情，我絕對不允許自己錯過。進行一些糟糕的交易，對於我來說，從來不是問題，因為我很快就可以找到一個大洞栽進去。經由一些慘痛的教訓與經驗，我知道在很多情況下，根本不值得進場交易；遇到這種情形，應該耐心等待符合條件的機會，不要因為擔心錯失機會而強迫自己進場。

經過一段磨練之後，交易者慢慢就能體會，錯失一些機會也沒有關係。沒錯，當我們由事後角度觀察某些行情發展，常常會抱怨自己沒有先見之明，但這些機會除非原本就

屬於計畫的一部分，否則就應該儘量克制，等待行情拉回才考慮進場。知道市場出現明確的趨勢，這未必就是進場的充分理由；有時還必須等到適當的進場點。沒有等待適當的進場時機，很容易就出現過度交易的問題，因爲每看到一個突破走勢，交易者可能就想進場。培養耐心，等待20分鐘、1個小時，甚至3天，直到明確的買進訊號出現爲止，這對於很多交易者都是不可能的任務。他們覺得如果沒有立即採取行動，很可能就會錯失天大的好機會。對於行動狂來說，讓他們放手往往很困難，但市場上實在有不計其數的好機會，錯失幾個又行妨？總之，務必要等待那些高勝算、風險／報酬關係很好的機會。

有些東西必須憑藉著經驗才能慢慢琢磨出來，例如：最適合進行交易的市況。波動劇烈或橫向區間發展的走勢，經常會導致過度交易，但趨勢明確的行情，則很容易處理。如果趨勢非常強勁，你沒有必要經常進進出出。適當的部位經常可以繼續持有到趨勢結束。面對趨勢明確的行情，很容易設定合理的停損，所以停損不會無謂的被觸發。如果錯失某個機會，大可不必追價，可以等待行情重新折返趨勢線。如果不願耐心等待，進場價位可能遠離合理停損點，使得風險／報酬關係惡化，而且行情可能出現大幅修正。追價建立的部位或許不錯，但可能被洗出場，因爲價格拉回支撐區，你實在不堪損失繼續擴大的痛苦而認賠賣出。於是，雖然非常懊惱，但仍然忍不住，又在下一個峰位附近買進，結果整個程序又從頭來過。如果你當初錯失機會，隨後的走勢又沒有重新回到趨勢線附近，千萬不要勉強進場，應該另尋機會或

繼續等待。這種處理態度，至少可以強制交易者只接受高勝算機會。另外，追價通常也會出現較大的滑移價差。在回檔走勢中買進，限價單很容易就可以撮合。反之，如果價格正在大漲，交易者只能用市價單追價，通常都成交在不斷上升的賣出報價。

　　價格波動劇烈的市場，很容易出現過度交易的情形，因為支撐／壓力相對難以判斷，因此也不容易決定適當的進、出場點。每當行情看起來即將突破，結果又折返。即使突破成功，跟進走勢經常很有限，而且走勢非常快速。同樣的道理，每當行情看起來即將暴跌，結果卻大幅反彈，但20分鐘之後又恢復跌勢。有時價格波動雖然劇烈，但幅度很有限，根本不值得交易。遇到這類行情，停損點也很難設定，使得停損經常被觸動，發生太多沒有必要的損失。很多系統一旦碰到波動劇烈的行情，頻頻發出交易訊號，而且訊號不斷反覆。由於每個假走勢看起來都像真的一樣，所以也很容易出現追價的情況。總之，交易者務必要克制追價的衝動，嘗試瞭解各種市況特質。

急於扳回先前的損失

　　某些交易者遇到重大虧損時，就會過度交易，急著想扳回局面。當天、某個部位或當月份的累積損失愈來愈嚴重，這是大家都不樂於見到的情況，但交易者究竟如何處理這種局面，往往也就代表成敗的分野。**遇到重大挫折時，最明智的做法就是遵循資金管理計畫的指示，接受損失，暫時放手**。糟糕的是，很多交易者的反應剛好相反，為了扳回先前

的損失，更頻繁進行交易，甚至擴大部位規模。當虧損累積到某種程度，一般人就會喪失理性思考能力，急著想要扳回損失。一旦出現這種心態，整個交易就亂了頭緒，決策變得草率，結果也可想而知。請注意，交易決策不應該受到盈虧金額的影響。交易者必須瞭解，每個人都會遇到交易不順手的日子，這些虧損是可以被接受；碰到這種情形，步調應該放緩，而不是加快。為了要扳回損失，某些交易者會恐慌，甚至出現報復性交易，這種非理性行為通常都會導致更糟的後果。讓我重複強調一次，交易不該受到既有盈虧的影響，永遠都要按照交易計畫行事，嚴格遵守資金管理計畫。

報復性交易

　　如果你急著想扳回稍早或前幾天的損失，經常就會產生過度交易的問題。為了想扳回損失，有些人會出現報復性交易。**所謂的報復性交易，是交易者認為市場對他們有所虧欠，所以會無所不用其極的想要撈回來。**這類交易者認為，市場背叛他們。他們不斷進場，相信自己比市場聰明，打算給市場一番慘痛的教訓，告訴市場當初不該背叛他們。我們必須體認到：市場通常都是對的，而且也是最後笑的贏家。報復性交易的特色是：「他媽的！我剛才在黃豆交易虧損了$400，下一筆交易要採用更多的契約，好好撈回來。」

　　我看過很多人（包括我自己在內），如果早盤發生虧損，就開始產生報復心理，為了想撈回先前的損失，結果交易量變大，進出變得很草率。後果又如何呢？通常都會讓些許的虧損，演變成為一場災難。沒錯，有時也會成功，有時

確實能扳回先前的虧損，但這絕非致勝之道。請注意，如果倒楣，這種心態很可能讓你在一天之內就毀掉交易帳戶。

交易並不是歷時一、兩天就結束的活動。年底回顧時，一筆虧損交易、某個交易不順手的日子或某個連續虧損的星期，其實都算不上什麼。一整年的過程中，即使是最頂尖的交易者，也難免碰到很多挫折；某些頂尖玩家甚至有半數交易發生虧損。虧損原本就是交易不可避免的一部分，必須坦然接受。任何一天、任何一星期、任何一個月，剛開始交易時不順手，沒有必要緊張，更不需恐慌。我們可以坦然接受損失，然後重新來過；即使花很長的時間才能彌補先前的損失，那也是可以接受的。反之，如果你不願意接受損失，急著想扳回局面，如此一來，交易決策將受到先前盈虧結果的影響，這絕非好現象。請注意，每筆交易都是獨立的，不該受到其他交易影響。這個原則不只適用於當日沖銷而已；部位交易者也有類似的問題，只是他們通常都會花更久的時間來埋葬自己。某人可能把單筆交易的獲利目標設定為$500，萬一發生$500的損失，就把下一筆交易的獲利目標調整為$1,000。他變得更願意冒險；所以，$1,000的獲利目標可能變成$1,000的實際損失。經過幾次的惡性循環，情況很容易就失控了。他無法接受$1,000的損失，因為這佔交易資本的比率太大，所以只好繼續持有，甚至再追加第3口契約。不久，帳面虧損累積為$1,800，他開始覺得恐慌了。他認為行情已經不可能反彈，所以應該放空。突然之間，他決定賣出6口契約（賣掉原先的3口，再放空3口）。通常這也是行情開始反彈時，交易者將不知所措。現在他知道第一筆交易才是

　　正確的，而且市場也終於證明他的看法正確，但現在卻持有空頭部位。於是又慌忙買進，結果可能建立6口或8口契約的多頭部位。不幸的，這波價格彈升只是下降趨勢的正常反彈而已。反彈結束之後，行情又繼續下跌。這時交易者可能又暫時不願認賠，但畢竟不抵損失繼續擴大的威脅，最後又改建空頭部位，整個循環又重新來過。

　　聽起來似乎有些牽強附會，但實際上確實發生。我有一位客戶，通常都只交易1口契約，但有一天發生他不甘心接受的損失，結果當天最後一次交易是20口契約。由於保證金的理由，我最後被迫把他斷頭，但帳戶淨值已經由$17,000劇減為$5,000多——只因為他當初不願接受$800的損失。當天，其交易產生的佣金超過$1,000，遠高於過去三個月的總和。他的帳戶資本最初是$10,000，花了三個月的時間才成長為$17,000，但一天之內就毀掉三分之二。又過了大約兩個星期左右，這位交易者打電話進來，表示他放棄交易，因為不斷的虧損使他完全絕望了。

　　這種交易風格是提早結束交易生涯的最有效辦法。如果你平常都交易1口契約，那就不要因為先前發生重大損失而交易2口契約。永遠要遵守資金管理計畫。你是在頭腦非常清醒的時候擬定計畫，這個計畫自然有其功能：防止你出現瘋狂的行為。如果你開始因為某種理由而偏離風險參數的節制，馬上停止，因為你已經開始過度交易。適當情況下，交易作風可以大膽一點，但某些情況並不屬於適當情況。如果你喜歡在手氣順暢時加碼，那麼剛開始的交易量就不要太

大。如果你可以交易5口契約，剛開始不妨用2、3口契約試盤。如果情況不錯，就可以考慮加碼，或次一筆交易改為5口契約；可是，所謂的情況不錯，絕對不是發生虧損時。如果你不在虧損時增加交易量，就不容易造成不可收拾的局面；損失通常都會在合理範圍內，將來也很容易彌補。

我很早就經歷過這種慘痛的教訓。對當天發生的一切，印象非常深刻。開盤後不久，因為我試圖猜測行情的底部，很快就累積$1,000的損失。當時，$1,000是很大一筆金額，結果我讓這些損失影響我的判斷。次一筆交易中，我沒有維持平常1、2口契約的交易量，而是放空5口契約，希望一口氣就扳回先前的損失。可是，幾乎就在我進場放空的同時，電腦程式買盤也進場，推動行情大幅走高。在我還沒有反應過來以前，又損失$2,000。這時我不再繼續祈禱價格拉回，而決定把空頭部位反轉為5口契約的多頭部位。沒錯，就在我翻空為多的同時，行情開始向下修正。我又被搧了一記大耳光。我整天都沒有脫離霉運，盡做些不理性而草率的決策，而且又不斷擴大交易規模。等到塵埃落定之後，發現$20,000帳戶資本總共虧損超過$7,000。我焦慮，過度交易，嘗試報復。如果我接受第一筆交易的損失，然後暫時休息一下，讓頭腦恢復冷靜，或許就能重新找到市場的脈動，一天下來頂多只是發生正常水準的虧損，甚至還可能小賺。可是，實際結果並非如此，事後我大約花了三個月的時間，才勉強彌補這個財務大洞與心理創傷。這不是說，它是我最後一次觸犯類似的錯誤。我花了幾年時間，繳了無數學費，然後才慢慢瞭解這種交易方式造成的傷害。現在，只要遭遇明

顯的逆境，我就知道自己的判斷能力可能受到影響。碰到這種情況，最明智的做法就是立即結束不順利的部位，暫時停止交易幾分鐘，重新評估當時的市況。堅持虧損部位或繼續加碼，期待市場配合你的想法，這種做法偶爾可能成功，但完全要仰賴運氣；可是，交易可以仰賴運氣嗎？交易者必須持續採取明智的行動，認賠而重新來過，就是明智的行動，過度交易則否。

更積極的短線進出

發生虧損之後，某些交易者會突然改變風格；他們並不會擴大部位規模，而是開始炒短線，希望一點一滴的扳回損失。他們因為害怕而不想再讓部位承擔風險，所以只要有獲利，就立即了結，根本不讓部位有創造重大獲利的機會。假定當初的損失為\$1,000，他們認為，如果每筆交易能夠獲利\$100，10筆交易就能扳回先前的損失。這種「小贏大賠」的資金管理策略，似乎不太合理。如果你原來不習慣炒短線，就不應該讓既有的盈虧改變你的交易習慣。如果你能夠成功的進行10筆短線交易，為什麼不乾脆都炒短線算了？

如果你建立的部位能夠很快進入獲利狀態，但又立即獲利了結，這等於是在挖自己的牆腳。從長期觀點來看，一筆正常的虧損交易，根本沒什麼了不起。只是為了扳回先前的損失，實在沒有必要進行10筆你不熟悉的交易，而且過早獲利了結是一種壞習慣。如果你真的想炒短線，那也沒有問題，但必須培養這種交易風格，而且必須養成迅速認賠的習慣，還要確定佣金費用必須很低。某些短線玩家確實非常成

功。他們不只接受些微的獲利，而且還要把虧損侷限在更小的程度。他們完全不能忍受損失，總是立即認賠。他們不會讓虧損發展到足以影響其交易風格的程度。

維持面子的交易

　　沒有人喜歡發生虧損，但有些人認為，虧損是有損面子的事。如果交易發生虧損，那就承認失敗，然後繼續前進。每當交易者興起與市場對抗的心理，實際上是為了維持自己的面子或自我尊嚴。**「面子」是相當棘手的問題**，不論在金融交易或一般生活中，「面子」常常讓人做些不該做的事。因此，如果交易者讓自我過度膨脹，就會對於交易發生負面影響。如果把交易當成維持面子的一種手段，就會出現不理性的行為，很可能會過度交易。只要交易失敗，就應該認賠，然後忘掉一切。不論先前的交易成功或失敗，每筆新交易在心態上都應該是從頭開始。不要在意先前的行情發展對你造成什麼傷害，過去的就讓它過去。務必記住，**虧損原本就是交易不可避免的部分**。你必須習慣虧損，但必須把虧損保持在合理程度內。一筆交易的結果，根本不值得計較；如果你無法容忍虧損，或許就不該從事交易。不要搥胸頓足，不要怨天尤人，虧損只是從事交易的正常成本，不要讓虧損影響後續的交易。

　　如果交易者在某個市場總是賠錢，最好不要興起面子問題或報復念頭。舉例來說，如果你在原油市場總是賺錢，但在豬腩市場總是賠錢，那就儘量在原油市場進行交易，不要介入豬腩市場。可是，有時會發生面子問題，你可能會持續

留在豬腩市場，因為想證明自己能夠打敗豬腩。在這種情況下，很可能會過度交易，因為虧損持續累積將迫使你更積極的進行交易，否則就不能扳回來。為了扳回先前的損失，你可能不只在豬腩市場過度交易，很可能還會拖累其他市場，因為你根本無法在豬腩市場賺錢。我很久以前就發現，自己無法在白銀與黃金市場賺錢。我不知道原因何在，但這些市場的交易大約有80%虧錢。最後，我終於放棄，所以已經很多年沒有進入這些市場。而承認自己的操作策略不適用於貴金屬市場；於是很謙虛的下台一鞠躬，宣布黃金與白銀為贏家。現在，我根本不考慮這個市場。即使黃金出現一波大行情，也不會抱怨。這不是我打算進行交易的市場，所以我根本不在乎。事實上，由於我集中全力在自己比較擅長的市場，可能因此節省了不少錢。

自我膨脹

出現連續獲利的期間，也需要謹慎，不要因此而過度交易。恐懼與貪婪是交易相關的兩種最明顯情緒。虧損時，會產生恐懼，手氣順暢，則會變得貪心。某些人剛開始交易時，績效還算不錯，但不久就會因為交易順暢而導致自我膨脹。他們認為自己攻無不克、戰無不勝，似乎沒有什麼辦不到的，甚至相信自己有點石成金的能力，所以應該更積極進行交易，才不至於枉費才華。當你產生這種感覺，最好立即出脫所有部位，暫停交易。可是，有些交易者，當他們因為運氣而成功時，會變得不可一世，開始增加交易規模，在其他市場建立部位，只因為他們自以為無往不利。於是，不再做必要的準備工作，開始隨心所欲的交易。運氣或許還會持

續一陣子，但連續獲利之後，通常都會跟著發生一段非常不
順利的交易，主要就是因為過度交易的緣故。請記得，金融
交易是機率的遊戲，你不太可能持續保有好運氣。如果不夠
謹慎，當運氣用完時，第1、2筆虧損交易可能就會勾銷先前
的大部分獲利。

停損設定太近

　　談到情緒問題，我必須提出另一種導致過度交易的可能
性，那就是停損設定得太近。或許是基於恐懼，某些交易者
擔心虧損太過嚴重，所以把停損設得很近。第9章曾經提
到，如果停損設定在行情正常波動的範圍內，就很容易被引
發。由於部位遭到停損的位置，通常都在行情正常波動的邊
緣，所以停損遭到引發之後，經常就會立即展開交易者當初
預期的走勢，結果顯然非常令人懊惱。在這種情況下，如果
交易者不想錯失機會，就必須重新進場。如果停損又設得太
近，則整個程序將不斷惡性循環。因此，設定停損時，務必
要讓市場有伸展手腳的空間。如果停損設定位置恰當，只要
部位遭到停損，通常都不應該重新進場。如果你發現自己經
常被停損出場，或許應該找些行情波動較緩和的市場，如此
才不會因為恐懼而影響停損策略。

環境因素造成的過度交易

　　過度交易未必能夠完全歸咎於交易者個人的情緒性問
題。有些過度交易是源自於環境因素。當然，過度交易的最
根本原因，一定是交易者本身缺乏紀律觀念，但我們還是應

該瞭解一些可能直接導致問題的原因。

在來回震盪而成交量偏低的市況下進行交易

　　交易者必須判斷何時適合交易，何時不適合交易。我們稍早曾經提到，來回震盪的行情並不適合交易。換言之，價格在某狹幅區間來回震盪，當時的成交量大多偏低。午餐時段就是典型的例子。當時的交投趨緩，流動性明顯低於開盤與收盤時段。行情走勢變得漫無頭緒，只是來回震盪。這種情況下，場內經紀人也會暫停交易，趁機吃午餐。由於場內競價的人變少了，那些繼續留在場內的經紀人就可以拉開買、賣報價之間的差價。這種情況也會發生在股票市場的造市者與專業報價商身上。隨著價差擴大，一些原本無關緊要的小單子，現在看起來似乎也能夠驅動行情，因為這些單子如果想成交，就必須接受更大的差價。正常情況下，差價可能只有3點到5點之間，但隨著流動性下降，差價可能擴大到5點到8點之間。變化看起來雖然不大，但如果價格區間原本就很小，2、3點的變化就很可怕了，賺錢變得非常困難。各位不妨參考圖17-1，這可以說明午餐時段為何很難進行交易。在上午11:30到下午1:30之間（陰影部分），交投變得清淡，價格全無趨勢可言。這段期間內，價格經常呈現跳躍，只有幾個10點到15點的走勢，通常都是由一、兩筆單子驅動。我們看到，經常在幾分鐘之內完全沒有交易；其他時候，大約平均1分鐘才有一筆交易。相較於非陰影部分，可以看出交投狀況與趨勢發展全然不同。午餐時段內，幾乎都是一些隨機走勢，交易系統在這段期間內也很容易出現反覆訊號。例如，你很可能在A點（34.70）放空，因為價格已經

破底，或在B點（34.90）作多，因為價格看起來向上突破。所以，如果不小心，你很可能來回挨耳光。

那些為了交易而交易的人，會不斷尋找機會，甚至不放過午餐時段。如果他們需要克制自己的交易衝動，這就是時候了。成交量萎縮，報價的差價拉開，市價單的撮合價格非常不理想。相對於趨勢明確的行情來說，小區間的來回震盪走勢，更容易在頭部買進或底部賣出。這類情況下，經常可以看到一些「小漲勢」，如果交易者擔心錯失機會，很可能會莽撞進場，結果卻發現價格立即拉回。隨後半小時內，價格持續走低，直到交易者絕望賣出為止，他甚至可能把多頭

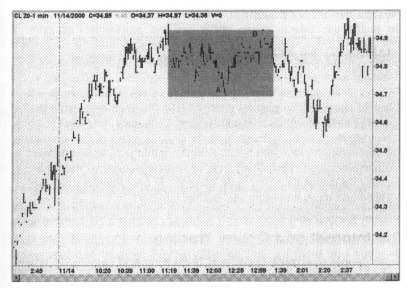

圖17-1　原油1分鐘走勢圖：來回震盪的行情。

部位翻轉爲空頭部位，若是如此，成交價格也絕不理想。我經常在午餐時段見到這類交易，幾乎毫無成功機會，因爲當時的成交量根本不足以推動像樣的行情。有些走勢乍看之下像是眞的，但實際上毫無動能可言，因爲沒有多少人留在場內。由於大多數人都已經結束早盤的部位，所以午餐時段經常會看到反轉走勢，使得原本的漲勢做頭或跌勢見底。

面對著成交量偏低的狹幅震盪走勢，最好不要建立新部位。即使錯失一波走勢，也不需懊惱，因爲機會多得是。你沒有必要整天都準備交易；你的工作不是要掌握每個可能的機會，而是要等待最恰當的機會。當然，如果既有部位的發展狀況很好，這時候也沒有必要退場，但儘量不要建立新部位。午餐時段偶爾也會出現好機會，但這畢竟很少見，不值得勉強。成交量萎縮，交易廳內的人潮散去大半，不妨有樣學樣，因爲這些專業玩家到底是內行人。克制衝動，等待更好的機會，勝算自然會提高。

有些市場交投狀況會連續幾天突然趨緩，價格也出現水平狀橫向發展。這種市況也不是進場交易的時機。債券市場就經常如此，每逢聯邦準備銀行定期會議或就業報告即將公佈的前幾天，往往會呈現牛皮走勢。總之，如果碰到沒有行情的狀況，不要冒險或勉強交易。

午餐時段的活動

當我還在場內擔任交易員時，午餐時段通常都找個舒適的地方打個盹，下棋或打牌，吹吹牛或談些風流艷

史，或是同事之間開開玩笑。記得有一次，某位交易員
打賭，沒有人可以在一分鐘內吃下一條土司。於是在午
餐時，我們請一位辦事員到外面買了五條土司，讓不信
的人試試。結果，我想大約每50個人，有2個人成功。讀
者如果不信，也可以試試，幾乎是不可能成功的。

網際網路或線上交易

　　透過網際網路進行交易，實在太方便了，某些人會因此
而過度交易。只要按個鍵，就可以進場了，如果不小心，局
面很可能失控。如果交易者不斷進出，意味著他像場內交易
員一樣，嘗試賺取「薄利」。賺取薄利當然沒有問題，前提
是虧損必須維持在更小程度，但一些沒有經驗的交易者，可
能連續進行10筆成功的交易，每筆賺個2、3檔，而一筆失敗
交易就損失15點。即使交易者永遠都能夠迅速認賠，但過度
的短線進出（尤其是透過網際網路進行），成本也非常可
觀。雖然你有斷然認賠的能力，並不代表你就可以隨意進
場。網際網路不是過度交易的免費通行證；交易者仍然需要
篩選交易對象，不要為了追求刺激而交易。

　　一些有關線上交易的廣告，對於過度交易也有推波助瀾
的影響。這些廣告會誤導交易者，以為他們可以像專業交易
員一樣。多數廣告都強調，只要透過網際網路，交易者在家
裡就可以取得擊敗市場的所有工具：立即執行、報價、新
聞、研究報告等。不斷突顯「買-賣，進-出」的態度。認真
想一想，他們之所以鼓勵交易，只因為他們是經紀商，收入
完全來自於佣金。交易者進出愈頻繁，經紀商的收入也愈

多。他們會盡一切可能方法鼓勵交易者快速進出，完全不理會客戶本身的效益。

　　透過線上交易，那些陷入虧損的交易者，由於不必與經紀人交談，更容易發生過渡交易的情形。如果必須與經紀人交談，虧損交易者可能會覺得不好意思。可是，線上交易可以克服這方面的問題，交易者不需向經紀人解釋自己為什麼發生虧損，經常會更積極進行交易。如果交易者打算從事報復性交易，網際網路顯然更方便。當受傷的自尊與網際網路的力量結合在一起，很可能造成嚴重傷害。一位勝任的經紀人，至少會想辦法讓客戶保持清醒。我就見過這類客戶，他們因為虧損與過度交易而挖一個大洞跳下去。最後，我不得不打電話勸他們，要他們冷靜一點，放緩下來，甚至暫時休息。他們愈急著想扳回損失，反而愈陷愈深。我會打電話給這些客戶，要他們放輕鬆，忘掉已經發生的虧損，明天重新來過。他們通常都會同意我的看法，但掛掉電話的兩分鐘之後，他們又進場了，就像沒有明天般的殺進殺出。我相信，如果他們建立新部位之前必須先打電話給我，應該就會節制一點。沒有人願意聽「我早就告訴你了」，也沒有人喜歡被事後精明的經紀人訓話；所以，這些人原本可以少交易一點的。

經紀人不斷鼓吹

　　網際網路可以直接越過經紀人，所以很容易造成過度交易；同樣的，如果經紀人的態度很積極，又急需佣金收入，也可能造成客戶過度交易。交易者要牢記一點，**經紀人提供**

任何服務的最主要目的，就是賺取佣金收入，這也是其本身的利益所在。當然，他們也希望客戶能夠賺錢，如此才能成為長期的衣食父母，但他們也希望客戶不斷進行交易，不斷放大部位規模。不是每位經紀人都如此，但某些人確實很自私，而且擅長鼓吹客戶進場。他們可能建議你採用價差交易或選擇權規避期貨部位的風險。他們可能會鼓勵你交易保證金較低的期貨或價格較低的股票，然後要求你放大交易量。把1口契約的黃豆交易，換成3口契約的玉米交易。千萬不要讓經紀人主導你的交易。如果你有資金管理計畫，就嚴格遵守。如果沒有，趕快弄一份；這是交易必要的工具。

交易不是一場零和遊戲

期貨交易經常被形容為一場零和遊戲；換言之，某人每賺取一塊錢，必定有人虧損一塊錢，反之亦然。事實上，如果把佣金費用考慮在內，期貨交易將成為負值的遊戲。如果某甲在原油市場賺取$200，持有反向部位的某乙則虧損$200，不過還有兩位高興的經紀人可以分食一些甜頭。沒錯，$200獲利與$200虧損的總和剛好是零，但其間還會出現額外的$60損失（兩人來回一趟各$30的佣金）。就這個例子來說，經紀人賺了30%。這就好像在賭場裡玩撲克。賭客雖然是彼此互賭，不是與莊家對賭，但在贏家拿走賭金之前，賭場會先抽成。賭局結束之後，賭客將發現，輸家輸的錢，金額將超過贏家贏的錢。如果賭客不斷賭下去，最後可能只有賭場才是贏家。交易的情況也是如此。你愈積極進行交易，經紀人就賺得愈多。

成為最佳交易者

　　如果想成為最佳交易者，務必記住，交易並不簡單。過度交易會讓你更難成功，不只是因為佣金成本的問題，也因為這會造成你精神不集中，決策受到情緒干擾。如果你發現自己出現本章討論的傻事，就必須想辦法克制，儘量少交易。在你能夠解決問題之前，必須先承認問題存在，並判斷過度交易的動機何在。不妨把自己放在各種不同的情境中，看看自己如何反應。如果發現過度交易的問題，而且曉得原因何在，接下來就要處理最困難的部分：秉持最堅決的紀律解決問題。如同我不斷強調的，成功的交易者必須有堅決的紀律。交易者之所以失敗，通常都是因為紀律不嚴。

　　成為最佳交易者，也意味著決策不能受到情緒影響。最好的辦法，就是嚴格遵守交易計畫，預先就知道各種市況發展的因應之道。預作準備，最好不要臨時應變。不論盈虧，交易方法都不該受到影響。你先前賺多少錢或賠多少錢，市場並不關心，所以沒有必要因此改變你對於市場的態度。當你交易非常順手時，尤其要注意這點，因為你可能開始自以為是，認為自己無所不能。進場之前，必須擬妥交易計畫。另外，你還必須準備健全的交易系統與資金管理計畫。嚴格遵守交易計畫，可以避免情緒性交易。如果沒有交易計畫的節制，交易者很容易追價，不願等待行情折返的適當機會。學習等待，自然可以減少交易。可是，這需要嚴格的紀律規範，尤其是個性急躁的交易者。務必要減少交易量，只挑選那些風險／報酬關係很好的高勝算機會。不論你是短線玩家

或部位交易者，都應該等待適當的行情，保持注意力集中。交易對象不要太雜，儘量集中交易少數幾個市場，絕對有助於提升績效。另外，有時候要站在更高的角度觀察，不要只採用1分鐘或5分鐘走勢圖，也要經常留意30分鐘或60分鐘走勢圖。部位有時可以持有幾天，不一定要在收盤時平倉。

金融交易不是消遣、娛樂的工具，必須把它當成事業看待。所以，不要因為無聊而交易，也不要擔心錯失機會。千萬不要追價，否則成交價格可能讓你大吃一驚，滑移價差將擴大，成交價格遠離支撐。這方面的克制可能會讓你錯失很多機會，但你所掌握的都是高勝算機會。為了追求刺激而交易，會讓你在不適當的時機進場，例如：午餐時段。你沒有必要參與每個走勢。如果你透過網際網路進行交易，千萬不要太放肆，也要留意那些貪婪的經紀人。

最後，對帳單內的損失，有一大部分來自於佣金與滑移價差。這些費用累積得很快。你有三個辦法來降低這方面的耗費：**一、尋找較低的佣金費率，二、不要追價，三、少交易**。請記住，如果辦到這三點，就可以保障珍貴的交易資本，讓自己能夠在市場上多留一陣子，擁有更多機會琢磨為成功的交易者。

過度交易的原因：

1. 追求刺激。
2. 受到交易盈虧的影響。
3. 報復性交易。

4. 太強調自我。

5. 擔心錯失機會。

6. 停損策略不當。

7. 經紀人鼓吹。

8. 透過網際網路進行交易。

9. 在狹幅震盪行情內交易。

10. 午餐時段進行交易。

幫助你少交易的事項：

1. 記住交易需要成本。

2. 減少滑移價差。

3. 紀律！紀律！紀律！

4. 沒有計畫，就沒有交易。

5. 不要追價，讓價格回頭找你。

6. 只考慮高勝算交易機會。

7. 把損失看成做生意的成本，欣然接受。

8. 不要基於報復心理進行交易。

9. 虧損的時候，不要增加部位規模。

10. 手氣不順暢時，休息一下，讓自己的頭腦清醒。

11. 任何一筆交易都不應該受到先前交易的影響。

12. 不要因為成功而自以為是，好運道終會結束的。

13. 擴張時間架構。

14. 專心留意少數幾個市場。

15. 不要成為行動狂。

16. 不要因為無聊而進行交易。

17. 避開狹幅震盪走勢；趨勢明確的市場比較容易進行

交易。

18. 避免在午餐時段或其他成交量偏低的市場進行交易。

19. 不要誤以為線上交易能夠讓你享有優勢。

20. 如果經紀人太黏人，更換經紀人。

21. 設定適當的停損。

值得提醒自己的一些問題：

1. 我今天的交易是否過度？

2. 我是否是行動狂？

3. 我是否嚴格遵守風險參數的規範？

4. 我是否同時持有太多部位？

5. 我的佣金是否太高？

6. 我是否保持專心？

7. 如果沒有發生這麼嚴重的虧損，我的交易方法是否仍然相同？

第 18 章

交易的內在層面：保持清醒

當我準備本章的內容時，首先就想到紀伯倫（Rudyard Kipling）的詩《如果》（If）。這首詩有很多地方很適用於金融交易。假如你沒有讀過這首詩，請參考下文，其中與交易有關的部分，會以黑體字顯示。然而你熟悉這首詩，多讀一次也無妨。這些年來，我經常閱讀這首詩，覺得很有趣。

《如　果》

當大家都喪失理智而責怪你時，如果你能夠保持清醒；

當大家都懷疑你時，**如果你仍能相信自己，**

同時還能斟酌他們的懷疑；

如果你能等待而不覺得厭煩，

或者當人們對你說謊時，你不會以謊言相對，

或者當人們憎恨你時，你不會還以憎恨，

但是，你不會看起來太善良，說話不會太明理；

如果你能夢想——但不會被夢想牽著走；

如果你能思考——但不會把思想當做目標；

如果你能夠應付勝利與災難
而且能夠平等看待兩者；
如果你能忍受自己所說的真理
受到惡棍的扭曲而成為愚人的陷阱，
或者看著你以生命維護的東西破碎，
然後彎下腰來，用老舊的工具重新修護；
如果你能讓大家注意你的勝利
並以此為賭注而放手一搏，
輸了，重新來過
不會對於虧損抱怨一句；
如果你能讓自己的心靈與肉體
協助你追求目標，甚至在它們都乏力之後，
在你除了意志之外，已經空無所有時，
仍能堅持下去，並告訴他們：「堅持下去」；
如果你能夠與群眾在一起，而不喪失自己的美德，
或者與國王並行，而不會喪失凡夫俗子的立場；
如果仇敵與好友都不能傷害你；
如果所有的人都能依賴你，但又不過分依賴；
如果你能讓無情的一分鐘充滿六十秒
你就是大地與所有的一切
而且還要更多，你已長大成人 —— 我兒！

保持頭腦清醒

　　每當我讀到前述詩句，就提醒自己需要保持理智與冷靜，在令人恐懼的期間保持沉穩。這協助我瞭解交易何以需

要保持頭腦清醒、控制情緒的重要性。姚奇・貝拉（Yogi Berra）曾經說過：「棒球有90%屬於心智遊戲，剩下的才是生理部分。」交易的情況也是如此：如果心智狀況準備不足，就不太可能成功。交易本身已經很困難，如果交易者又受到其他事務的干擾——例如：私人問題、壓力、對抗市場、連續虧損——就會變得更困難。交易時段內，絕對要保持頭腦清醒，否則就會分心。我知道，這並不容易，但只要情況即將失控時，就必須想辦法讓自己回到正軌，或乾脆暫停交易，直到頭腦恢復冷靜為止。即使是一些微不足道的事，例如：疲倦，就可能讓交易者無法保持心智巔峰狀態。過去的錯誤或虧損就讓它們過去，不論是發生在幾秒鐘或幾天之前。如果你犯了錯，趕快修正，儘快讓頭腦恢復清醒。把注意力擺在目前；過去已經成為歷史，交易者必須活下去。

金融交易需要運用最巔峰的心智狀態。雖然交易很難不受到個人生活影響，但你必須想辦法做到這點。清晨起床，就和老婆吵架，上班途中又碰到大塞車，心中掛念著一些事，例如：最近的虧損；在這種情況下，交易者就處在非常不利的地位。如果心存旁鶩、情緒波動，就很難專心留意市況發展。交易過程中，如果你覺得憤怒、憂慮或太過於興奮，這些情緒都可能造成嚴重干擾。這很容易讓部位虧損失控，或對市場產生怒氣。只要開始進行交易，整個注意力就必須完全放在市場上。換言之，如果精神不集中，就不該交易。如果個人問題可能影響交易決策，不妨休息一陣子。

　　我有多次類似經驗，個人生活遭遇一大堆困擾，經濟狀況又迫使我必須進行交易；結果如何呢？沒錯，嚴重虧損。有一陣子，我的心情很沮喪，包括健康的問題，結果——交易績效讓我更加沮喪。現在回想起來，當時應該休息一陣子的。

內在衝突

　　當我剛開始學打網球時，讀了幾本書，每天打四個小時的球；可是，對我幫助最大的，莫過於一本叫做《網球內心世界》（*The Inner Mind of Tennis*）的書。這本書完全不討論網球的外在技巧。書中沒有告訴你如何運用反手拍或如何開球，也沒有談及球拍的握法，但告訴我如何攀上運動巔峰水準。根據這本書的解釋，大多數人打網球時，其內心世界都會產生衝突。幾乎每個打過網球的人，都曾經咒罵自己的表現。當你這麼做時，實際上是咒罵自己，之所以會發生這種現象，就是因為你的大腦有兩個不同部分正在對話。一個是真正知道該怎麼做的潛意識，另一個是非常挑剔的意識。打個比方，你的潛意識很想吃東西，但意識卻不斷告訴你：「必須減重。」如果出現這類內在衝突，你就很難成功；意識與潛意識必須彼此協調。你必須想辦法讓潛意識也想減重，才能有效克制吃東西的慾望；在此之前，衝突仍然會存在。

　　透過網球運動，我學會如何讓潛意識主控一切。目標是不要再擔心自己的表現，想辦法讓自己進入自動飛行模式。

畢竟我知道如何打球，我的潛意識看過最頂尖選手的比賽，因此完全知道怎麼做，而且也不會對自己的表現過於挑剔。除了自我催眠之外，我還採用一種小技巧，儘量學習吉米‧康諾斯（Jimmy Connors）的動作，他是我最崇拜的網球選手，我會像他一樣的移動腳步，像他一樣的站著或弓著身，也像他一樣揮動球拍來回擊發球。這樣可以讓我專注於打球，不再挑剔自己。經過這些轉化，暫時擱置大腦的意識部分，我反而更能發揮球技，表現也優於過去的正常水準。另外，我也讓意識專心閱讀球上的名稱與號碼，設想自己騎在球上。這聽起來似乎有些蠢，但確實有用。慢慢的，在比賽過程中，我也能夠發揮一般練習的水準，重要關頭不至於再感覺到身體發僵。事實上，我過去在比賽的表現不佳，主要都是心理問題；一旦克服這點，進步就非常神速了。

我之所以提起這段故事，是因為金融交易也可以運用相同的方法。如果你能克服交易相關的種種心理問題，績效絕對會大幅提升。催眠是一種可能方法；設想自己能夠邀遊於市場，感受每個價格峰位與谷底。犯錯時，不要再拍桌子，不要再發脾氣，不要再咒罵自己或市場。這些東西會造成內心世界的衝突，這是你絕不需要的。如果你能控制情緒，使別人無法判斷你是處於獲利或虧損狀態，那就不錯了。真正的玩家不會覺得懊惱或興奮；反之，他們會保持固定的步調，專注於下一筆交易。不妨設想自己是頂尖玩家，然後展現頂尖玩家應有的行為。盡一切可能專注於交易，操作績效就能顯著改善。我非常幸運，四周隨時都有優秀的交易者可供我模仿。最後，這些「標準行為」都深入我的潛意識，成

爲直覺反應的一部分。有時我會問自己：「如果是老王，他會怎麼做？」然後就跟著做，因爲老王總是賺錢。學著像專業玩家一樣的思考，慢慢就可以登堂入室。想辦法讓潛意識跟和合作，而不是與你對抗，就可以成爲最佳交易者。

難以捉摸的「他們」

　　很多人習慣把錯誤的責任推到別人身上。如果操作績效不理想，那是你的責任，不是別人的錯，不要歸咎於造市者、報價、經紀人、場內交易員或電腦問題。沒有所謂的「他們」在作弄你或找你麻煩。如果價格撮合不佳或賠錢，那是你的錯，不要怪別人。每個人都必須對自己的錯誤負責。如果經紀人誤導你，那是因爲你相信他；至少第二次就是你的責任了。如果自己的表現欠佳，不要找藉口，不要推卸責任。否則，你就不會進步，因爲你不認爲自己有錯，所以也不需要改正。如果你想成功，就承擔起虧損的責任，不要怪罪市場、經紀人或價格撮合欠佳。

稍做休息

　　每天坐在電腦螢幕前長達7小時，往往會讓人覺得疲倦、反應遲鈍。經過一天的交易之後，通常交易者都會覺得疲憊不堪。緊張的情緒，心情的起伏，很容易就耗光你的精力，甚至更超過一般運用體力的工作。交易過程中，你必須隨時保持專注，維持在最巔峰狀態，所以很多專業玩家都會在中午稍微休息。午餐時段的成交量劇減，這不是因爲交易

者必須用餐，而是因為他們需要休息，**短線交易是一種非常耗精神的玩意兒**。我所認識的交易者，大多會在午餐時段休息，讓緊繃的精神稍微放鬆。很多人會到健身房運動或游泳，儲備下午的精神。有些人則打個盹、下棋或玩電動玩具。當我還住在邁阿密海灘時，午休時間都會到海邊走走，欣賞在沙灘上做日光浴的德國上空觀光客；這顯然比電腦上的報價賞心悅目得多。總之，一整天毫不間斷的進行交易，是相當嚴苛的考驗；所以，最好找時間稍微休息，讓頭腦恢復清醒，然後再進場交易。當然，如果你交易的市場開盤時間不長，例如：玉米只有3小時45分鐘，中間或許不用休息，但其他開盤時段較長的市場，稍做休息還是有幫助的。

靈魂出竅的經驗

　　行情認知或看法，可能受到情緒反應或個人部位的影響。持有多頭部位時，總能看到價格應該上漲的種種理由。市場的實際表現如何，並不重要，因為你會堅持自己的認知。萬一發生這種狀況，務必停下來，想辦法恢復客觀判斷能力。非理性決策必須儘快排除，設法回到交易計畫上。某些交易者不願或不能承認自己錯誤，無法客觀判斷行情。由於堅持自己的看法正確，部位持有時間往往會超過合理程度。我經常看到這類例子。某個持有多頭部位的人表示：「行情看起來很強，我打算繼續持有部位。」另一位持有空頭部位的人則說：「沒錯，但價格已經漲過頭了，隨時可能回檔。」這兩個人的看法，顯然有一個將錯誤，但他們都依

據自己的部位而抱著一廂情願的想法。

　　我經常會設想自己站在自己的身後，由第三者的立場看自己的表現，想辦法取得比較客觀的看法，尤其是在操作不順利時。我設想自己可以靈魂出竅，客觀評估自己持有的部位與市況。我會問：「如果不是持有這些部位，我對於目前的市況有何看法？」有時你明顯不該持有多頭部位，但就是不能說服自己出場。你知道，如果你不是持有這些多頭部位，就會找機會放空；雖說如此，但你仍然繼續作多，不能認賠。你是站在既有部位的立場思考，這顯然是不對的，你至少應該想辦法結束部位，重新恢復清醒的判斷力。

壞習慣

　　很多失敗交易者之所以失敗，並不是因爲他不知道如何判讀走勢圖或太懶，而是因爲一些心理問題阻礙他們成功。交易者必須克服很多習慣與情緒，才可能成功。本章剩餘篇幅準備討論一些我認爲最危險的交易相關習性，雖然我相信此處會漏掉很多可能的問題。這些習性會歪曲你的思路，讓你不能保持清醒的頭腦。如果你發現自己也有這方面的問題，就必須想辦法克服。

期待：麻煩的徵兆

　　隨便問一位交易者，請教他認爲行情可能如何發展，如果他回答：「我希望價格上漲，」通常意味著他持有多頭部位，而且價格將下跌。期待並不是一種看法。通常期待都是

一種表徵，意味著期待者不願意承認持有不佳部位，或對於既有趨勢抱著不切實際的樂觀看法。一旦發生期待的現象，交易者必須立刻重新評估自己的部位，因為期待是沒有用的。就像棒球選手揮舞著手臂，似乎想把深遠的飛球推到全壘打線外（如同卡爾頓・費斯克[Carlton Fisk]在1975年世界大賽中所做的一樣），可是，球只要離開棒子之後，他就無能為力了。如果球要彎到界外，任何期待或希望都沒有用。每個人都希望自己建立的部位或挑選的趨勢正確無誤，這是很自然的。可是，當判斷發生錯誤，而且還不願承認或認賠，故意忽略停損，甚至進一步加碼，到了這個時候，期待就會造成傷害。

　　我記得與朋友的一段對話：

　　約翰：「你認為活豬今天的走勢將如何發展？」
　　我：「但願下跌。」
　　約翰：「可是，最近幾天的走勢都很強。」
　　我：「沒錯，我知道。」
　　約翰：「你希望低價買進，或者想放空？」
　　我：「我已經放空了，空頭部位大約持有一個星期，所以賠慘了。我今天還會再放空一些，所以現在真希望活豬價格下跌。」

　　對於部位的看法，只要浮現「希望」的字眼，交易者就應該知道自己惹上大麻煩了。他的判斷顯然錯誤，卡在很糟的部位上，可是又不願認賠出場。他之所以「希望」，就是

因為部位方向與趨勢方向相反，每個反向價格跳動，看起來都像趨勢開始反轉。不論走勢圖顯示如何，他已經沒有理性評估能力了。一旦交易者希望市場出現某種表現，就代表他對於行情的脈動失去判斷力。碰到這種情況，最好立即結束相關部位，讓頭腦恢復清醒，然後再考慮重新進場。這並不表示你持有多頭部位而價格下跌到下檔支撐點附近，行情已經顯著超賣，你仍然必須認賠。可是，如果行情發展方向明顯與部位相反，而你不知道該如何處理，那就認賠。如果技術指標沒有朝你希望的方向變動，就不要繼續期待了。承認自己錯誤，趕快出場。**純系統交易者佔有一個優勢：沒有「期待」的問題**。所有的決策都交給系統決定，交易者就不太需要思考了，他只需要按照系統的指示行事，頂多期待目前使用的系統是一套好系統。

期待既有趨勢發展到永遠

　　期待不只適用於虧損部位，也適用於交易者對於既有趨勢產生不切實際的樂觀看法。對於所持有的部位，交易者期待得到的，可能遠超過市場將給予的。當既有趨勢顯然已經結束，你可能還不願承認，繼續期待「永遠過著幸福、快樂的日子」。請注意，交易的對象是市場，不是你的看法。如果你認為市場應該出現某種走勢，但實際上並沒有出現，然後你開始期待，因為你想賺多一點，那你就不是根據市況發展進行交易了，你是按照自己的看法交易。留意行情發展，保持務實的態度，在該出場時出場，這樣就可以保有較多的既有獲利。

頑　　固

　　頑固也是一種很糟的態度，經常衍生自期待。頑固的交易者不願意承認自己錯誤，經常持有部位太久，尤其是虧損部位。他永遠自以為是，不願聽取別人建議。針對這個問題，我實在沒什麼好說的，除了強調交易需要彈性。如果行情發展出現變化，交易者的看法也需要跟著調整。對於既有部位太過執著，絕對有損長期績效。某筆交易已經顯然不對勁，那就放手。不要讓某種市場看法永遠留在腦海裡，務必隨著市況發展調整。

　　頑固也會造成前文討論的報復性交易。交易者太頑固而不願承認自己根本不可能贏，但他認為判斷正確的重要性遠超過賺錢。如果你發現在某支股票上很難獲利，某天或某個時期的交易非常不順利，那就放手，另外找機會重新來過。上個星期在IBM的交易中虧損$5,000，那又該怎麼辦？這已經是歷史事實了，你沒有必要繼續交易IBM證明自己的能力。反之，應該挑選那些你最擅長交易的股票。

貪　　婪

　　有部電影叫做《華爾街》（*Wall Street*），麥克‧道格拉斯（Michael Douglas）扮演戈登‧蓋格（Gordon Gekko）的角色，他說：「貪婪是好的。」這句話在電影中顯得很有個性，但在現實世界裡，**貪婪則是交易者最需要避免的習性之一**。關於這個問題，最恰當的評論是：「熊（空頭）能賺錢，牛（多頭）也能賺錢；貪吃的笨豬只等著被宰。」繼續持有獲利部位是一回事，貪婪又是另一回事。**趨勢不會永遠**

發展下去，天下沒有不散的筵席，總有曲終人散的時候。貪婪會導致過度交易、紀律鬆散、疏忽資金管理。如果交易者因為貪婪而想由部位中榨出最後一滴油水，往往會得不償失，反而吐出大部分的既有獲利。貪婪讓交易者為了多賺一點而承擔不成比例的風險。如果原本都是交易2口契約，貪婪會讓你交易4口或5口契約。承擔過高風險，通常都會導致失敗。

當交易者急需賺一筆錢付某筆帳單或繳納房屋貸款，他就很可能變得貪婪，不再把市場看成交易場所，而以為是提款機。他會嘗試奪取市場所不願給的，繼續持有部位，直到該部位賺到他想要的錢。行情已經反轉，但交易者卻因為還沒有賺夠而不願出場。如果這位交易者把市場看成交易場所，只取市場所願意給予的，他原本可以成功，但貪婪阻止他成功。

只要人們想迅速致富，就有貪婪的問題。貪婪不是什麼新玩意兒，自從遠古時代以來，就有很多人因為貪婪而賠錢。由1600年代的荷蘭鬱金香狂熱，到1990年代的那斯達克大多頭行情，貪婪造成人們無法理性思考，因為他們只想著多賺一點錢。

1600年代的荷蘭鬱金香狂熱

如果各位還沒有看過查爾斯・馬凱（Charles Mackay）的《異常普遍的妄想與群眾瘋狂》（*Extraordinary Popular Delusions and the Madness of Crowds*），應該找時間讀一

讀，這是僅次於《股票作手回憶錄》（*Reminiscences of a Stock Operator*，寰宇智慧投資62）的一本交易聖經。這本書提到歷史上的幾個案例，說明人們如何因為貪心與愚蠢而賠錢。其中最著名的一個案例，就是1600年代的荷蘭鬱金香狂熱。人們之所以買進鬱金香，只因為其價格不斷上漲，想賺取轉手的差價。由於價格每天都飆漲，而且整個上漲趨勢似乎看不到盡頭，所以人們不斷搶進，根本不考慮行情發展是否合理，因為只要價格繼續上漲，他們就能賺錢。甚至有人借錢投資，使得投機風氣猶如火上加油。三年之內，鬱金香花球的價格大約飆漲6,000%。可是，突然之間，行情就垮了，價格在三個月內就掉了90%，而且從來沒有反彈。由於很多人舉債投資，所以整個經濟也受到拖累而隨之崩潰。非常類似那斯達克交易者在2000年碰到的情況，但發生在1630年代。所以，人性似乎不會隨著歷史演進而變化。只要有機會賺錢，就會有貪婪的問題。

趨勢發展畢竟會結束

　　某筆交易已經取得不錯的獲利，但因為貪婪的緣故，交易者不願意了結，他希望取得更多利潤。何時應該結束部位，這是很重要的交易課題。這不像是與部位結婚，比較像是約會：找到對象，掌握進場機會，儘量取得所能夠得到的，然後放手，不再回頭。沒錯，你曾經答應再撥電連絡，但那時你已經迷上另一支股票。

　　不論多麼強勁的趨勢，畢竟還是有結束的一天，因為當

全世界的人都買進之後，還能靠誰來繼續推動股價呢？某些時候，行情看起來似乎只有一個發展方向。所有的消息都是好消息，價格每天創新高，大家不斷買進。可是，發展到某種程度之後，已經沒有後續買盤，精明資金開始退場。有些人是在行情開始上漲之前買進，他們造成行情啓動。當一般交易者紛紛投入市場時，這些人知道，這就是出場訊號。如果你想在金融市場成功，就不要跳上貪婪的列車。

1990年代末期，在貪婪慾念的驅動下，那斯達克股票大飆漲，股價超越任何合理想像的水準。人們看到親朋好友都輕鬆賺錢，所以也想進場分杯羹，因爲看起來實在太容易了。各行各業的人，紛紛轉行從事當日沖銷。不論是醫生、律師、牙醫、音樂家、家庭主婦、水電工大家都報名參加3個小時的交易講座，然後就想交易賺錢。他們透過雨後春筍般成立的證券公司，把辛苦賺來的錢都投入股票市場。某些人辭掉工作，在家裡透過網際網路從事短線交易。人們不斷買進，股票交易量成長爲正常水準的十倍。他們夢想自己能夠在三年內帶著價值$200萬的雅虎與奎爾股票提早退休。由於貪心的緣故，他們不只持股過久，而且還不斷投入新資金買進。最後，這些人都吐回先前所賺的錢，甚至更多。當行情開始反轉時，我受的傷也頗嚴重，因爲我持有太多部位，當然也是貪心的緣故。爲什麼我會貪心呢？因爲不久之前，我在S&P與那斯達克期貨上賺了不少錢。我認爲，這種錢實在太容易賺了，絕對不該錯失這種機會，於是開始擴大部位，把保證金運用到極限。在行情逆轉的第一波跌勢中，我就把先前幾個月賺的獲利退還給市場。

　　請聽取我的經驗之談：**不要草率擴大部位，不要被市場的瘋狂發展沖昏了頭，不要被捲入激情中**。趨勢終有結束的一天，價格最終還是會回到正常水準；而且當行情開始反轉時，走勢往往更激烈。如果你不想受傷害，就必須在大家都瘋狂時，還能繼續保持清醒。不要擴大部位，隨時準備因應不太可能發生的事，要預先設定自己準備出場的位置。

不要勉強榨取最後一點利潤

　　千萬不要堅持最後一檔的價格跳動。沒錯，你應該儘量多賺一點，但不要堅持某個數字，或變得太勉強。交易者經常會發生一種情況：持有多頭部位，行情上漲到36.75，然後稍微回檔，交易者開始認為，這或許是出場的適當時候了。可是，他沒有立即出場，而是認為應該還有另一波行情，他想在最高價附近出場，所以把限價賣單設定在36.74。不久，行情確實反彈，交易者繼續等待，希望限價賣單能夠被撮合。他不想放棄曾經得到的東西，所以沒有調降賣單。最後，反彈結束，價格又恢復跌勢，但交易者的限價賣單沒有成交。這位交易者沒有獲利了結，因為他變得貪心，想要多賺幾檔。現在，價格愈跌愈低，交易者更不願意出場了，因為這時候出場，等於要吐回30美分的既有獲利。最後，部位轉盈為虧，一切只因為他要多賺幾分錢。當你想要出場而得不到想要的價錢，就立刻出場。不要繼續妄想榨取最後一點利潤；萬一行情反轉，不只賺不到最後一點利潤，甚至會反勝為敗。趨勢結束時，將有一大堆人爭先恐後想要出場，所以你最好早點行動。真正的大錢，不是由最後一點利潤累積而來；它們通常都來自於大行情的中間波段。另外，如果你

想賺大錢，迅速認賠也是成功關鍵之一。有些人會存著很奇怪的心理，當他們賺了$900之後，就會想湊成$1,000的整數。你認為漲勢只要再衝一下，就可以大功告成了。可是，等到行情真的發展到那裡，你又想多賺幾檔，結果還是不會出場。行情畢竟會結束的，屆時你可能空無所有。你應該排除這種「因小失大」的習慣，只要行情看起來可能停頓或反轉，就應該立刻獲利了結。

　　如果漲勢看起來即將停頓，這時拋出限價賣單，應該會成交，因為總有一些最後趕上宴會的市價買單。可是，萬一限價賣單沒有成交，而行情已經要反轉了，最好立刻改用市價單賣出。就我來說，絕對不會猶豫。如果我當時持有10支股票，我會全部都拋掉。當我持有很多部位時，絕對不希望看到反向的行情。採用市價單或許會讓你少賺一點，但總勝稍後演變為虧損。

貪婪的念頭如何造成傷害？

　　我的交易生涯一直都被貪婪的念頭影響。我永遠都想多賺一點。如果某天已經賺了$1,000，就想賺$2,000；如果賺了$2,000，就想賺$3,000。為了想多賺一點，我會增加交易的契約口數或部位。有時這種情形的發展還不錯，但通常都不理想。雖然已經有了十二年的交易經驗，但每當交易順暢時，我就很難克制擴大部位的誘惑。很多情況下，當我因為獲利而加碼，實際上應該開始獲利了結。可是，我的耳邊總是會出現輕輕的呼喚：「再買一點，今天可以好好賺一筆。」

不再是1口契約，而開始交易3口、5口或10口契約，因為交易者變得貪心而想賺多一點。對於他們來說，每天賺幾百塊錢，實在太無聊了，他們想賺幾千塊，結果就過度交易了。這種情況也很容易造成破產。**我本身的幾次破產經驗，就是因為過度交易**。沒錯，我對於行情的判斷不正確，但如果維持正常的交易規模，原本不至於發生重大傷害。可是，如果部位規模太大，任何虧損都會造成嚴重傷害；沒有人願意接受重大虧損，所以交易者想要扳回來，結果虧損就愈來愈嚴重。同時建立很多部位，你可能認為如此可以分散風險，但萬一這些部位都發生虧損，就會變成一場災難。部位太多，往往會讓獲利交易演變為虧損，讓虧損交易完全失控。如果專注於一、兩個市場，應該認賠的部位比較能夠及早認賠，不至於讓它們造成重大傷害。我發現，那些甘願接受正常獲利的人，長期操作績效往往優於那些經常想大贏的人。一年之內，你頂多能夠掌握幾波大行情；所以，一般情況下，你都只能安於小賺一筆。另外，只要不心存貪念，通常也比較容易迅速認賠。

克制貪念

就像任何紀律規範一樣，克制貪念並不簡單，但必須想辦法做到。交易者想成功，關鍵不在於大賺一筆，而在於維持穩定的操作績效。克制貪念的一些具體做法，包括一套資金管理計畫，而且要嚴格遵守，除此之外，還要設定務實的目標，採用停損。預先設定獲利目標，才不至於永無止境的持有部位。可是，當目標達成而出場之後，萬一行情繼續發展，你可能會非常懊悔。如果行情繼續朝有利方向發展，我

堅信獲利部位應該繼續持有，但只要看到行情已經有結束的徵兆，我也會斷然出場。當價格創新高或新低，就很難判斷行情會發展到什麼地步。價格永遠不會太高或太低，永遠可能繼續上漲或下跌。一旦價格創新高而上檔海闊天空，毫無止境，你就必須非常小心了。關於目標價位的設定，態度必須務實，尤其要考慮最近的平均真實區間。如果平均真實區間只有$2.15，短線交易就不要想賺$2；比較合理的目標，可能是75美分到$1.50之間。如果目標高於這個水準，或許就太貪心了。如果行情已經發展到平均真實區間的水準，就應該出場，不論獲利多少。讓我再重複強調一次，不要試圖賺取最後幾檔，想辦法抓取中間一段行情。

過度自信

　　過度自信的問題，可能發生在開始交易之前，以及交易非常順利之後。開始交易之前，每個人都認為自己最好，對於可能的操作結果產生不切實際的想法。在這種情況下，過度自信可能讓交易者不能因應實際的發展。可是，過度自信的最大問題，是交易者因此產生「無所不能」的感覺。交易非常順手，累積不錯的獲利之後，交易者可能變得過度自信、過度膨脹，甚至認為他已經徹底征服市場，已經不可能還會犯錯。於是，他相信自己有「點石成金」的能力，態度轉趨積極，承擔過高的風險。通常這都是失敗的開端。當交易者變得更有信心之後，就會開始犯錯，那些稍早讓他得以連續獲利的一些行為也因此變形。他開始追價，不再等待價格回檔。不再做應有的準備工作，甚至忽略交易計畫。一切都源自於貪婪與過度自信，因為他相信自己可以加快步調。

最致命的打擊，通常都發生在連續獲利之後，因為過度自信將導致鬆懈的紀律規範。請記住，如果你擴大部位規模，只要一、兩筆交易發生問題，就足以勾銷先前全部的獲利。

　　我遭遇的最重大打擊，很多都發生在連續獲利之後。1992年夏天，我在外匯市場從事交易，當時的趨勢很好，我賺了不少錢，於是不斷擴大部位規模。我由原來的1口德國馬克契約，增加到3口德國馬克、3口英鎊、5口瑞士法郎與幾口日圓契約。幾個星期內，帳戶規模由$8,000成長為$20,000，基本上都是因為過度交易的緣故。整個操作非常順利，獲利狀況也很好，甚至我開始計畫如何慶祝。我實在太自信了，所賺的錢都用來擴大部位規模。可是，就像晴天霹靂一樣，整個行情突然就垮了。兩天之內，我的帳戶淨值就萎縮到$7,000。由於保證金不足的緣故，我必須認賠很多部位，但我對於自己的看法仍然很有信心，繼續持有剩餘部位。又過了一個星期左右，帳戶只剩下$2,000。除了過度自信之外，我還把部位擴大十倍，雖然帳戶淨值只增加一倍。我曾經發誓不會這麼做；可是，當一切都進行得很順利時，我開始變得貪婪與自信，不再遵守資金管理計畫。如果你也會因為幾筆順利的交易而自我膨脹，那就要小心了。隨時檢討風險參數，務必嚴格遵守資金管理計畫。態度謙虛一點，把目標設定得務實一點，就可以避免受傷。

恐　懼

　　貪婪與恐懼分別是交易相關的兩種最重要情緒，而且兩者的影響都不好。如同貪婪一樣，恐懼也可能導致交易者的

失敗。雖然恐懼會促使交易者迅速認賠，始終保持警戒，但也會讓交易者使用太緊密的停損，太快獲利了結，甚至因為擔心虧損而放棄好機會。有些交易者實在太害怕扣動扳機，所以只敢在場外觀望，不敢實際介入。顯然這不是好現象。如果你不敢交易，就不該交易。

恐懼而不敢扣動扳機

某些交易者太害怕虧損，以至於根本不敢扣動扳機。他們不斷錯過機會，繼續等待那些永遠不會出現的機會。這些人的個性或許不適合從事金融交易。某些人可能是害怕成功，所以才放棄每個好機會。請注意，等待機會與不敢交易之間，存在顯著差異。交易者在場外觀望，等待適當的條件，他們想要進場，但就是不能實際行動。似乎有些不對勁，他們不斷猶豫。最初的判斷往往是正確，但不敢採取行動。我們的盤房內就有這類的人。他經常提出很好的交易想法，同事們大多都採用他的想法。當大家問他的情況時，他說他還沒有進場，但盤房內的每個人都已經透過他的想法賺錢。他表示自己還在等待更好的條件，然後才會積極進場。實際上呢？他根本不敢扣動扳機，所以總是錯過機會。幾年前，他曾經慘遭修理，從此就變得很膽怯。我想這種心態並不適合交易。如果你因為太害怕而不敢交易，為什麼還要勉強自己交易呢？不妨另外尋找一些更適合自己風險偏好的職業，例如：會計。金融交易並不適合每個人，你必須非常大膽，才可能成為優秀的交易者。很少人願意投入一個不知是否能養家活口的行業。多數人不喜歡收入非常不穩定的行業。那些太過於害怕、擔心的人，顯然不屬於這個領域。

接受虧損

某些交易者對於如何處理虧損有問題：他們認為這是一種對於個人的污辱。可是，如同我不斷強調的，頂尖交易者大約有半數交易是以虧損收場。如果你不知道如何接受虧損或害怕認賠，就不該從事交易。頂尖交易者知道如何在最適當情況下認賠。首先，你必須不害怕接受小虧損。如果你不願意接受小虧損，小虧損就可能演變為大虧損。一筆交易的發展不順利，你應該理所當然的認賠出場。交易者不該認為，大家會因為他認賠而看輕他。祈禱行情反轉而讓部位獲利了結，這是毫無意義的。不妨由比較長遠的角度想，一筆小虧損或小獲利，根本不足以影響整體操作績效。

真正難以處理的是大虧損，因為大虧損才會造成實質傷害。如果你掉以輕心，小虧損就可能變成大虧損。當虧損變得太大，交易者就不敢認賠了，因為他們不敢想像虧損造成的衝擊。**交易最難之處，就是承認自己錯誤，然後認賠出場**；可是，看著虧損演變為一場災難，這是毫無意義的。你不能因為害怕而不出場。只要發現自己判斷錯誤，就必須壯士斷腕，而且愈快愈好。

停損設定得太緊

有些人因為擔心虧損而採用過分緊密的停損。他們過度解釋「迅速認賠」的意思。交易必須給予適當的活動空間。如果過份害怕虧損，就很難真正成功，因為大多數機會在能充分發展之前，你已經被停損出場了。沒錯，如果部位的成功機會已經很渺茫，就應該儘速出場，但你仍然要找一個平

衡點，讓部位有足夠的時間留在場內，等待機會醞釀成功。

擔心吐回既有獲利

有些人不願犧牲任何既有的獲利，結果太早獲利了結。這有些類似前一節討論的停損設定太緊。交易需要給予適當的發展空間與時間；由長期角度來看，太早出場絕對有損操作績效。對於一般交易者來說，操作績效非常仰賴大行情，所以你必須讓部位有機會抓到大行情。當然，如果交易目標原本就設定爲「聚少成多」，儘快獲利了結是沒問題的；可是，如果當初是想要抓到大行情，那就不要隨便獲利了結。記住，行情是呈現波浪狀發展，你必須預先決定，逆向走勢是否值得交易，或應該出場。請注意，原本獲利很好的部位，絕對不允許讓它演變爲虧損。小贏變成小輸，那沒有什麼值得大驚小怪的。反之，每股獲利$3的部位，就不該演變爲虧損；否則，你就犯了金融交易的大戒。

擔心錯失機會

交易者最擔心的，莫過於行情發動時，自己沒有在場內；至少我就是如此。**害怕錯失大好機會，經常是造成我進場的重要原因**。如果行情發動而我沒有在場內，那真的是對不起祖宗八代。由於我認爲自己必須抓住任何的大行情，結果經常失敗。同樣的道理，由於我不想錯過任何可能的機會，所以經常太晚出場。

有些交易者不放過任何進場機會，總是把些許徵兆看成天大的好機會。他們太擔心錯失機會，結果出現很多迫不及

待的行為，例如：追價、在不該進場的地方進場，或在訊號還沒有實際發生之前就提早進場。這不只會造成時效拿捏不當，也會造成過度交易。交易者必須瞭解，即使錯過機會也沒有問題，稍遲進場還是可以接受的。如果你錯失某個機會，隨後還有另一個機會；如果沒有及時趕上某個行情，你可以等待價格拉回的第一支腳。請注意，等待行情回穩才進場，其勝算絕對超過追價。只要你能說服自己，允許自己錯失一些機會，操作績效就能大幅提升。當然，由事後角度回顧過去的發展，有時候你會希望自己介入某個走勢。可是，除非原本就在交易計畫之內，否則不要隨便介入，寧可等待其他機會。

憤 怒

前文已經談過這個話題，我在此重複強調一點：**優秀交易者不會生氣**。他們永遠都保持冷靜，不會把虧損的責任歸咎於他人。憤怒是完全沒有必要的情緒，而且會讓你不能處在巔峰狀態。當然，發洩一下情緒往往是有好處的，但你沒有必要摔滑鼠，或咒罵專業報價商，他根本聽不到。你可以到健身房發洩，效果會好一點。我認為，發脾氣完全沒有意義。你只是對於一些已經發生的事情浪費精力，全然於事無補。如果你能夠把發脾氣的精力引導到其他更有意義的管道，不只交易績效會改善，生活的很多層面也會提升。

回到正軌上

很多交易者遇到連續虧損時，會覺得筋疲力盡，因為他

們不知道應該處理。不論做什麼，結果總是錯的；所以，不論他們多麼努力，還是繼續虧損。碰到這種情況，最正確的做法，就是暫時停止交易。不妨趁機休息幾天，做些與金融交易無關的事，讓自己暫時忘掉交易。你必須想辦法讓自己不要再執著於虧損，休息幾天是最好的辦法。多年的交易生涯裡，我只有少數幾次自願暫停交易；可是，每當我這麼做時，都有助於自己恢復正常。我休息了一整個月，所以能夠完成本書。如果我不能全心投入，交易績效就會受到影響；現在，重新回到正軌上，我希望能有最好的表現。

我經常採用的另一種辦法，就是訴諸最根本的東西。每當陷入交易低潮，我會把交易量減到最低程度，特別留意一些我近來可能疏忽的交易法則，直到自己脫離低潮為止。這段期間內，我也會檢討交易系統、風險參數、交易計畫，並不是檢討其效力，而是檢討自己有沒有嚴格遵守。如果這些東西過去都有效，我就相信它們現在仍然有效，而且應該嚴格遵守，即使做些小調整，但最根本的問題通常還是我自己，不是交易計畫。

成為最佳交易者

如果想成為最佳交易者，就必須控制自己的情緒、協調內在衝突，革除不好的習性，才能保持最清醒的頭腦。**交易過程中，維持清醒的頭腦，這是最基本的成功要件**。交易會耗費大量的心神，如果心有旁鶩，結果就會顯現在交易績效上。不論你是因為前一筆交易的虧損而憂慮，或是受到個人

問題的干擾，交易表現都會受到影響；你不能讓這些東西分心。頂尖交易者不會讓這種情況發生，否則就會暫停交易，直到一切都恢復正常為止。如果交易者知道如何協調內部的衝突，操作績效就能夠慢慢提升。不要把精力浪費在沒有意義的東西上，儘量由積極角度思考，設想自己是最頂尖的玩家。不妨問自己：「碰到這種情況，頂尖玩家會如何處理？」你必須誠實面對自己，做正確的事情。

假定你發現自己變得頑固，期待某個部位能夠成功，或按照已經持有的部位立場評估行情；這種情況下，你應該假裝自己完全沒有任何部位，由非常客觀的角度判斷行情發展。這麼做以後，如果你認為應該放空，但實際上卻持有多頭部位，就應該立刻出場。不論你如何期待，都不可能扭轉市場的走勢。

有些東西是你必須特別小心的，包括：期望、貪婪、恐懼、頑固、懶惰與憤怒。這些都是造成交易失敗的最主要因素，讓你無法保持清醒的頭腦。很多人都寧可把失敗的責任推卸給別人，認為老天爺特別喜歡找他麻煩；事實上，交易者本身才是造成虧損的罪魁禍首。想辦法不要再孩子氣，自己的責任應該自己扛；自己造成的錯誤，必須自己想辦法解決。總是責怪別人，你絕對不可能變成最佳交易者。

如果表現不理想，不妨考慮暫停交易，讓自己冷靜下來，思考究竟發生了什麼問題。是否因為你沒有好好遵守行動計畫？或者是行動計畫本身有問題？不論哪種情況，如果

陷入低潮，就沒有必要勉強自己繼續交易。休息幾天，或儘量減少交易量，直到你找到原因、恢復清醒的頭腦為止。

可能造成傷害的心理問題：

1. 出現內在衝突。
2. 交易過程中，頭腦不夠清楚。
3. 認為「他們」在找你麻煩。
4. 期待行情會反轉。
5. 期待行情會永遠持續下去。
6. 固　執。
7. 就自己所持有的部位思考行情。
8. 無法控制脾氣。
9. 基於報復心理進行交易。
10. 貪　心。
11. 貪　多。
12. 害怕自己錯失機會。
13. 害怕吐回既有獲利。
14. 害怕虧損太嚴重。
15. 無法認賠。
16. 無法扣動扳機。

保持頭腦清醒的辦法：

1. 暫停交易。
2. 外出走走。
3. 由全新的立場觀察行情。
4. 認賠，重新出發。

5. 設想自己遨遊於市場。

6. 回歸到最根本的層面。

7. 檢討交易計畫。

8. 務必要準備資金管理計畫。

9. 嚴格遵守計畫。

10. 像專業玩家一樣思考。

11. 不要再期待，採取實際的行動。

12. 設定務實目標。

13. 尋找專業協助。

14. 採用催眠方法。

15. 瑜珈運動。

16. 到健身房運動。

值得提醒自己的一些問題：

1. 如果沒有任何部位，我會怎麼做？

2. 我是否很容易發脾氣？

3. 我是否會變得情緒化？

4. 我是否讓個人問題影響交易？

5. 我如何應付連續虧損？

寰宇出版網站
www.ipci.com.tw

邀請您加入會員，共襄盛舉！

新增功能

1. 討論園地：分享名家投資心得及最新書評
2. 名師推薦：名師好書推薦
3. 精采電子報回顧：寰宇最新訊息不漏接

在投資的路上，寰宇出版與您一起「累積投資智慧，創造富足人生

寰宇圖書分類

技 術 分 析

分類號	書名	書號	定價	分類號	書名	書號	定價
1	波浪理論與動量分析	F003	320	36	技術分析・靈活一點	F224	280
2	亞當理論	F009	180	37	多空對沖交易策略	F225	450
3	股票K線戰法	F058	600	38	線形玄機	F227	360
4	市場互動技術分析	F060	500	39	墨菲論市場互動分析	F229	460
5	陰線陽線	F061	600	40	主控戰略波浪理論	F233	360
6	股票成交當量分析	F070	300	41	股價趨勢技術分析——典藏版（上）	F243	600
7	操作生涯不是夢	F090	420	42	股價趨勢技術分析——典藏版（下）	F244	600
8	動能指標	F091	450	43	量價進化論	F254	350
9	技術分析&選擇權策略	F097	380	44	技術分析首部曲	F257	420
10	史瓦格期貨技術分析（上）	F105	580	45	股票短線OX戰術（第3版）	F261	480
11	史瓦格期貨技術分析（下）	F106	400	46	統計套利	F263	480
12	甘氏理論：型態 - 價格 - 時間	F118	420	47	探金實戰・波浪理論（系列1）	F266	400
13	市場韻律與時效分析	F119	480	48	主控技術分析使用手冊	F271	500
14	完全技術分析手冊	F137	460	49	費波納奇法則	F273	400
15	技術分析初步	F151	380	50	點睛技術分析一心法篇	F283	500
16	金融市場技術分析（上）	F155	420	51	散戶革命	F286	350
17	金融市場技術分析（下）	F156	420	52	J線正字圖・線圖大革命	F291	450
18	網路當沖交易	F160	300	53	強力陰陽線（完整版）	F300	65
19	股價型態總覽（上）	F162	500	54	買進訊號	F305	38
20	股價型態總覽（下）	F163	500	55	賣出訊號	F306	38
21	包寧傑帶狀操作法	F179	330	56	K線理論	F310	48
22	陰陽線詳解	F187	280	57	機械化交易新解：技術指標進化論	F313	48
23	技術分析選股絕活	F188	240	58	技術分析精論（上）	F314	45
24	主控戰略K線	F190	350	59	技術分析精論（下）	F315	45
25	精準獲利K線戰技	F193	470	60	趨勢交易	F323	42
26	主控戰略開盤法	F194	380	61	艾略特波浪理論新創見	F332	42
27	狙擊手操作法	F199	380	62	量價關係操作要訣	F333	5
28	反向操作致富	F204	260	63	精準獲利K線戰技(第二版)	F334	5
29	掌握台股大趨勢	F206	300	64	短線投機養成教育	F337	5
30	主控戰略移動平均線	F207	350	65	XQ洩天機	F342	4
31	主控戰略成交量	F213	450	66	當沖交易大全(第二版)	F343	4
32	盤勢判讀技巧	F215	450	67	擊敗控盤者	F348	4
33	巨波投資法	F216	480	68	圖解B-Band指標	F351	4
34	20招成功交易策略	F218	360	69	多空操作秘笈	F353	4
35	主控戰略即時盤態	F221	420	70	主控戰略型態學	F361	4

投 資 策 略

分類號	書 名	書號	定價
1	股市心理戰	F010	200
2	經濟指標圖解	F025	300
3	經濟指標精論	F069	420
4	股票作手傑西·李佛摩操盤術	F080	180
5	投資幻象	F089	320
6	史瓦格期貨基本分析（上）	F103	480
7	史瓦格期貨基本分析（下）	F104	480
8	操作心經：全球頂尖交易員提供的操作建議	F139	360
9	攻守四大戰技	F140	360
10	股票期貨操盤技巧指南	F167	250
11	金融特殊投資策略	F177	500
12	回歸基本面	F180	450
13	華爾街財神	F181	370
14	股票成交量操作戰術	F182	420
15	股票長短線致富術	F183	350
16	交易，簡單最好！	F192	320
17	股價走勢圖精論	F198	250
18	價值投資五大關鍵	F200	360
19	計量技術操盤策略（上）	F201	300
20	計量技術操盤策略（下）	F202	270
21	震盪盤操作策略	F205	490
22	透視避險基金	F209	440
23	看準市場脈動投機術	F211	420
24	巨波投資法	F216	480
25	股海奇兵	F219	350
26	混沌操作法 II	F220	450
27	傑西·李佛摩股市操盤術 (完整版)	F235	380
28	股市獲利倍增術 (增訂版)	F236	430
29	資產配置投資策略	F245	450
30	智慧型資產配置	F250	350
31	SRI 社會責任投資	F251	450
32	混沌操作法新解	F270	400
33	在家投資致富術	F289	420
34	看經濟大環境決定投資	F293	380
35	高勝算交易策略	F296	450
36	散戶升級的必修課	F297	400
37	他們如何超越歐尼爾	F329	500
38	交易，趨勢雲	F335	380
39	沒人教你的基本面投資術	F338	420
40	隨波逐流～台灣50平衡比例投資法	F341	380
41	李佛摩操盤術詳解	F344	400
42	用賭場思維交易就對了	F347	460
43	企業評價與選股秘訣	F352	520

程 式 交 易

分類號	書 名	書號	定價
1	高勝算操盤（上）	F196	320
2	高勝算操盤（下）	F197	270
3	狙擊手操作法	F199	380
4	計量技術操盤策略（上）	F201	300
5	計量技術操盤策略（下）	F202	270
6	《交易大師》操盤密碼	F208	380
7	TS程式交易全攻略	F275	430
8	PowerLanguage 程式交易語法大全	F298	480
9	交易策略評估與最佳化 (第二版)	F299	500
10	全民貨幣戰爭首部曲	F307	450
11	HSP計量操盤策略	F309	400
12	MultiCharts快易通	F312	280
13	計量交易	F322	380
14	策略大師談程式密碼	F336	450

期　　　　貨

分類號	書　名	書號	定價
1	期貨交易策略	F012	260
2	股價指數期貨及選擇權	F050	350
3	高績效期貨操作	F141	580
4	征服日經225期貨及選擇權	F230	450
5	期貨賽局（上）	F231	460

分類號	書　名	書號	定價
6	期貨賽局（下）	F232	520
7	雷達導航期股技術（期貨篇）	F267	420
8	期指格鬥法	F295	350
9	分析師關鍵報告（期貨交易篇）	F328	450

選　　擇　　權

分類號	書　名	書號	定價
1	股價指數期貨及選擇權	F050	350
2	技術分析＆選擇權策略	F097	380
3	認購權證操作實務	F102	360
4	交易，選擇權	F210	480
5	選擇權策略王	F217	330

分類號	書　名	書號	定價
6	征服日經225期貨及選擇權	F230	450
7	活用數學‧交易選擇權	F246	600
8	選擇權交易總覽（第二版）	F320	480
9	選擇權安心賺	F340	420
10	選擇權36計	F357	360

債　券　貨　幣

分類號	書　名	書號	定價
1	貨幣市場＆債券市場的運算	F101	520
2	賺遍全球：貨幣投資全攻略	F260	300

分類號	書　名	書號	定價
3	外匯交易精論	F281	300
4	外匯套利①	F311	480

財 務 教 育

分類號	書 名	書號	定價	分類號	書 名	書號	定價
1	點時成金	F237	260	5	貴族・騙子・華爾街	F287	250
2	蘇黎士投機定律	F280	250	6	就是要好運	F288	350
3	投資心理學（漫畫版）	F284	200	7	黑風暗潮	F324	450
4	歐尼爾成長型股票投資課（漫畫版）	F285	200	8	財報編製與財報分析	F331	320

財 務 工 程

分類號	書 名	書號	定價	分類號	書 名	書號	定價
1	固定收益商品	F226	850	3	可轉換套利交易策略	F238	520
2	信用性衍生性&結構性商品	F234	520	4	我如何成為華爾街計量金融家	F259	500

金 融 證 照

分類號	書 名	書號	定價	分類號	書 名	書號	定價
1	FRM 金融風險管理（第四版）	F269	1500